★看世界丛书★

不可不知的中外科普趣闻

杨大力　编著

吉林人民出版社

图书在版编目(CIP)数据

不可不知的中外科普趣闻 / 杨大力编著. -- 长春：吉林人民出版社, 2012.7

(看世界丛书)

ISBN 978-7-206-09194-0

Ⅰ. ①不… Ⅱ. ①杨… Ⅲ. ①科学知识 - 青年读物②科学知识 - 少年读物 Ⅳ. ①N49

中国版本图书馆CIP数据核字(2012)第149527号

不可不知的中外科普趣闻

BUKE BUZHI DE ZHONGWAI KEPU QUWEN

编　　著：杨大力

责任编辑：韩春娇　　　　封面设计：七　洱

吉林人民出版社出版 发行（长春市人民大街7548号　邮政编码：130022）

印　　刷：北京市一鑫印务有限公司

开　　本：670mm×950mm　　1/16

印　　张：11.75　　　　字　　数：110千字

标准书号：ISBN 978-7-206-09194-0

版　　次：2012年7月第1版　　　　印　　次：2021年8月第2次印刷

定　　价：38.00元

目录
CONTENTS

目录
CONTENTS

鱼的“特异功能”

鱼的“眼睛”

鱼类的一对眼睛是典型的近视眼，它们还有另外的“眼睛”——侧线。鱼的侧线生长在体侧的鳞片上，称为侧线鳞，两侧各有一条。侧线鳞上面有小孔，这些小孔把外界信息通过与其相连的感觉器官传至脑神经，从而使鱼能“看”到外界的一切。

鱼的耳朵

人们总以为鱼没有耳朵，其实鱼类的两只耳朵没有长在体外，而是长在头骨内，由小块状的石灰质耳石、淋巴液和感觉细胞组成。外界的声音引起淋巴液发生振动，刺激耳石和感觉细胞，经过神经系统传递到脑中，鱼就听到这个声音了。鱼的耳朵还有维持身体平衡的作用。当身体不平衡时，淋巴液和耳石会压迫感觉细胞，并马上报告大脑，使鱼及时保持平衡。

鱼的鼻子

鱼类的鼻子是进行定向和觅食的重要器官。当水从前鼻孔进入鼻囊，再从后鼻孔流出时，鼻囊中的嗅觉细胞就会把捕捉到的信息送到中枢神经系统进行贮存。大多数鱼类就是凭借鼻子对水体气息的感觉和分析进行定向，从而完成“出巢”和

“回巢”行动的。实验表明，不少鱼类可以从数千米甚至数十千米外游回原来占据的“巢穴”，靠的就是灵敏的鼻子。

鱼类奇异的“婚恋”

“击鼓”求爱

在春天产卵期，雄性黑线鳕鼓起气泡，发出清脆悦耳的声音，像击鼓那样，以此来召雌鱼。当雌鱼被这种鼓声渐渐吸引过来时，雄鱼便会加快发声，直到这种声音成为一种嗡嗡声为止。如果有几条雄鱼同时向一条雌鱼求爱，那么，谁“击鼓”时间最长，谁会赢得雌鱼的爱情。

婚前考验

地中海有一种鳗鱼，当雄鱼向雌鱼求婚时，雄鱼首先得经过照料一堆鱼卵的资格考验。一两天后，雌鱼返回原处，如果交给雄鱼的鱼卵依然存在，它就会与雄鱼交配；反之，它会扭头就走，不和雄鱼交配。

强行成婚

热带鱼类罗非鱼到了生殖季节，雄鱼就开始建造新房，在事先选择好的地点，挖出一个直径为30—40厘米，深约10厘米的小窝。新房建好后，雄鱼便徘徊门前，注视着来往游鱼，发现雌罗非鱼游过，立即迎上前去，拦路堵截，也不管对方愿不愿意，逼雌鱼入窝，强行“成婚”。

“异族”丈夫

在亚马孙河流域，有一种鱼叫毛利鱼，这种鱼没有雄性只有雌性。于是，到了交配期，雌毛利鱼便去拉较弱的同属不同族的雄鱼做“大夫”。这个丈夫在交配中只起激活卵子的作用，而它的基因不会遗传给毛利鱼的子孙。

自然界奇异植物排行榜

在进化过程中，大自然创造了一些匪夷所思的植物，令人称奇。以下是自然界十大奇异植物。

NO.1　罗马花椰菜

罗马花椰菜是一种可食用的花椰菜，16 世纪发现于意大利。这种花椰菜长相特别，花球表面由许多螺旋形的小花所组成，小花以花球中心为对称轴成对排列。罗马花椰菜的神奇在于其规则和独特的外形，已经成为著名的几何模型。罗马花椰菜以一种特定的指数式螺旋结构生长，而且所有部位都是相似体，这与传统几何中不规则碎片形所包含的简单数学原理相似。罗马花椰菜有着规则和严密的数学模型，因此吸引了无数的数学家和物理学家加以研究。

NO.2　维纳斯捕蝇草

通过名字我们就知道维纳斯捕蝇草非常美丽，但同时它是一种最著名的肉食植物，其叶片上长有许多细小的触角。一旦有物体碰到捕蝇草，叶片会自动收拢并将外来物体包夹于其中。维纳斯捕蝇草叶片的合拢速度奇快，时间不到1秒。维纳斯捕蝇草分布的地理范围十分狭小，它们仅存在于美国北卡罗来纳州与南卡罗来纳州海岸一片1100多千米长的地区。

NO.3　舞草

舞草，又名跳舞草，是一种可以快速舞动的奇特植物，其小叶具有自身“摆动”的功能。舞草最高可以长到2米高。草叶经常无风自动，因此又叫情人草、无风自动草、多情草、风流草、求偶草等。舞草属多年生的木本植物，可入药，喜阳光，呈小灌木，各枝叶柄上长有3枚清秀的叶片。气温达25℃以上并在70分贝声音刺激下，两枚小叶绕中间大叶便“自行起舞”，舞草的“跳舞”时间一般为3到5分钟。舞草原产于亚洲，我国华南部分省区很常见，南太平洋附近国家和地区也有舞草分布。

NO.4　复苏蕨

复苏蕨是一种看起来非常普通的蕨类植物，但它却拥有超强的耐干旱能力。在干旱期，这种植物可以蜷缩成一个球状物，颜色也会变成褐色，看起来好像是死了一般。不过它一旦接触到水，就会立即舒展开来并开始“复活”。据估计，它们在无水条件下至少可以生活100年。科学家推算复苏蕨在地球上已经存活了2.8~3.4亿年，那时候地球气候温暖湿润，复苏蕨是地球上最高的树种之一，后来由于气候干旱变冷，复苏蕨逐渐进化，才成了现在的形态。

NO.5　迷幻类植物

迷幻类植物就是罂粟等毒品植物，它们往往有着美丽的花朵和外表，但却是在所有植物物种当中对人类危害最大的物种之一。迷幻类植物中一般都包含有某些化学物质，这些化学物质可以影响动物中枢神经系统，可以临时改变人类的感觉、情绪、意识和行为。以往，有巫师就是利用这种植物来让信徒产生兴奋感觉。

NO.6　茅膏菜

茅膏菜也是一种食肉性植物。茅膏菜有明显的茎，茎部长有细小的腺毛，腺毛可以产生一种黏性液体。茅膏菜就是利用这种黏性液体来捕捉昆虫。一旦昆虫被粘上后，茅膏菜的蔓将会合拢将猎物包在其中，并产生一种酶来消化猎物。茅膏菜喜欢生长在水边湿地或湿草甸中，在我国长白山广有分布。茅膏菜亦有治疗疮毒、瘰病的药物功效。

NO.7　大花草

1822年，大花草发现于苏门答腊岛，它被认为是世界是最大的花。花的直径最大可以达到1米，质量最重可达25磅。最令人惊讶的是，如此巨大的花却无茎无叶无根，仿佛是天然生成一般。大花草的生长期一般为9—21个月，而其开花期最多只能持续5天时间。大花草的另一特点就是气味难闻，散发着一种腐烂尸体的气味。大花草是1822年探险队在苏门答腊岛探险时所发现，迄今为止，人们只在苏门答腊岛和婆罗洲发现这种寄生植物。

NO.8　芦荟

芦荟的神奇之处在于它是天然美容品，它能使皮肤变得白嫩柔滑，在夏威夷或者墨西哥应用十分广泛。大多数药用植物一般都需要经过蒸煮或溶解等处理措施后才能使用，而芦荟植物却可以随时使用。只要折断芦荟植物的叶子，你就可以发现芦荟油。这种凝胶体具有康复的功效，短时间内就可以缓解紫外线造成的皮肤晒伤。科学家还对芦荟展开研究，以探明其医疗价值。

NO.9　含羞草

如同少女遇到陌生人时会脸红一样，如果含羞草羽毛般的纤细叶子受到外力触碰，叶子立即闭合，所以得名含羞草。它们的叶片也同样会对热和光产生反应，因此每天傍晚的时候它们的叶片同样会收拢。含羞草原产于中南美洲，为豆科多年生草本或亚灌木，又名知羞草、呼喝草、怕丑草。成簇生长，茎基部木质化，高可达1米，耐寒性较差。

NO.10　猪笼草

猪笼草也是十分独特的食虫植物的一种，全世界有120种以上的猪笼草，原产于印尼、菲律宾、东南亚国家等气候炎热潮湿、地势低洼的地区。猪笼草的形状体态宛如一个诱捕昆虫的陷阱。它的瓶状叶（或花冠）可以捕食小昆虫和蜥蜴。猪笼草的叶片会分泌一种特殊物质，这种物质覆在猪笼草瓶状花冠的内壁上，并与猪笼草根部吸收来的水混合。昆虫或小型动物嗅到混合汁液的气味会前来吸食。当它们落入瓶状花冠中后，就会困在其中无法逃脱，并最终成为猪笼草的养料。

十大污染克星植物排行榜

植物也是治理污染的克星吗？真的是太奇怪了。

NO.1　芦荟

在24小时照明的条件下，可以消灭1立方米空气中所含的90%的甲醛。

NO.2　合果芋

合果芋是一种有趣的植物，它用自己宽大漂亮的叶子提高空气湿度，并吸收大量的甲醛和氨气。叶子越多，它过滤净化空气和保湿功能就越强。你可以控制合果芋的生长速度。由于它生长速度惊人，旧叶子被修剪后，新叶子会很快发芽。

NO.3　散尾葵

散尾葵每天可以蒸发一升水，是最好的天然“增湿器”。此外，它绿色的棕榈叶对二甲苯和甲醛有十分有效的净化作用。经常给植物喷水不仅可以使其保持葱绿，还能清洁叶面的气孔。这种原产于热带的棕榈科植物是目前最受欢迎的室内植物之一。

可以去除二甲苯、甲苯、甲醛，“此棕榈科植物是最好的天然增湿器”。

散尾葵的产非洲马达加斯加岛。我国引种栽培广泛，在华南地区可作庭园栽培或盆栽种植，其他地区可作盆栽观赏。其性喜温暖湿润、半阴且通风良好的环境，不耐寒，较耐阴，畏烈日，适宜生长在疏松、排水良好、富含腐殖质的土壤。

散尾葵盆栽可用腐叶土、泥炭土加1/3河沙及部分基肥配制成培养土。它蘖芽生长比较靠根茎上，盆栽时，因较原来栽的稍深些，以免新芽更好地扎根。5—10月是其生长旺盛期，必须提供比较充足的水肥条件。平时保持盆土经常湿润。夏秋高温期，还要经常保持植株周围有较高的空气湿度，但切忌盆土积水，以免引起烂根。一般每1—2周施一次腐熟液肥或复合肥，以促进植株旺盛生长，叶色浓绿，秋冬季可少施肥或不施肥，同时保持盆土干湿状态。散尾葵喜温暖，冬季需做好保温防冻工作，一般10℃左右可比较安全越冬，若温度太低，叶片会泛黄，叶尖干枯，并导致根部受损，影响来年的生长。它喜半阴，春、夏、秋三季应遮阴50%。在室内栽培观赏宜置于较强散射光处；它也能耐较阴暗环境，但要定期移至室外光线较好处养护，以利恢复，保持较高的观赏状态。如果环境干燥、通风不良，容易发生红蜘蛛和介壳虫，故应定期用800倍氧化乐果喷洒防治。

NO.4　虎尾兰

一盆虎尾兰可吸收10平方米左右房间内80%以上多种有害气体。

NO.5　吊兰

24小时内，一盆吊兰在8—10平方米的房间内可杀死80%的有害物质，吸收86%的甲醛。

NO.6　银皇后

银皇后以它独特的空气净化能力著称：空气中污染物的浓度越高，它越能发挥其净化能力！因此它非常适合通风条件不佳的阴暗房间。

这种有着灰白的叶子的植物喜欢生活在恒温环境中。假如用温水浇灌，它可以生存较长时间。

NO.7　绿宝石

你是否清楚塑料袋也含有甲醛吗？绿宝石通过它那微张的叶子每小时可吸收4—6微克有害物质，并将之转化为对人身体无害的营养物质。

绿宝石也因为其具装饰性而广受喜爱，把它种在吊盆中作为居室隔断也一样合适。但是大多数人喜欢它仅仅是因为它心形的叶子。

绿宝石大多原产于美洲热带和亚热带地区，攀缘生长在树干和岩石上。性喜温暖湿润和半阴环境。生长适温为20—28℃，越冬温度为5℃。

绿宝石盆栽基质以富含腐殖质且排水良好的壤土为佳，一般可用腐叶土1份、园土1份、泥炭土1份和少量河沙及基肥配制而成。种植时可在盆中立柱，在四周种3—5株小苗，让其攀附生长。它喜高温多湿环境，须保持盆土湿润，尤其在夏季不能缺水，而且还要经常向叶面喷水；但要避免盆土积水，否则叶片容易发黄。一般春夏季每天浇水一次，秋季可3—5天浇一次；冬季则应减少浇水量，但不能使盆土完全干燥。生长季要经常注意追肥，一般每月施肥1—2次；秋末及冬季生长缓慢或停止生长，应停止施肥。它喜明亮的光线，忌强烈日光照射，一般生长季需遮光50%—60%；但它亦可忍耐阴暗室内环境，不过长时间光线太弱易引起，节间变长，生长细弱，不利于观赏。

NO.8 千年木

在抑制有害物质方面其他植物很难与千年木相提并论。叶片与根部能吸收二甲苯、甲苯、三氯乙烯、苯和甲醛，并将其分解为无毒物质。

千年木以它富有魅力的外形，与对办公室昏暗干燥环境的适应能力受到室内设计师的喜爱。只要对它稍加关心，它就能长时间生长，并带来优质的空气。

NO.9 常春藤

一盆常春藤能消灭8—10平方米的房间内90%的苯。

常春藤，为五加科常春藤属多年生常绿藤本观叶植物。常春藤是典型的阴生藤本植物，目前常见栽培的多数为斑叶品种，如金心常春藤，叶三裂，浓绿色的叶片中央嵌有金黄色的斑块；银边常春藤，叶片灰绿色，具乳白色边；三色常春藤，叶片灰绿色，边缘白色，秋冬变深玫瑰红色，春季又恢复原色。

常春藤原产欧洲、亚洲和北非。它对环境的适应性很强。喜欢比较冷凉的气候，耐寒力较强；忌高温闷热有环境，气温在30℃以上生长停滞；对光照要求不严格，在直射的阳光下或光照不足的室内都能生长发育。

常春藤对土壤要求不严，一般多用肥沃的疏松土壤作盆栽基质，如园土和腐叶土等量混合，可用腐叶土、泥炭土和细沙土加少量基肥配制面成，也可单独用水苔栽培。盆栽一般每盆种3—5株。平时应放置于漫射光照下，才能使叶色浓绿而有光泽，特别斑叶品种在遮光的环境中，叶色更为美丽。夏季酷暑必需放置于阴凉通风的地方。环境温度高，对常春藤生长不利，所以宜多采用叶面喷水浇灌。水分不足，植株基部容易落叶；浇水过多也容易发生烂根。苗期宜加强水肥管理，以加快生长。一般生长期特别春秋两季应适当施肥，每月施液肥1—2次，同时注意肥料中氮磷钾含量比例应为1∶1∶1，氮素比例不可过高，否则花叶变绿。在植株生长过程中，应注意修剪，以促使多分枝，使株形丰满。另外，常春藤在春季常发生蚜虫，在高温干燥、通风不良条件下也容易发生红蜘蛛、介壳虫为害，应及早喷药防治。

“常春藤能有效吸收吸烟产生的烟雾”，常春藤能有效抵制尼古丁中的致癌物质。通过叶片上的微小气孔，常春藤能吸收有害物质，并将之转化为无害的糖分与氨基酸。

常春藤最美丽之处在于它长长的枝叶，只要将枝叶进行巧妙放置就是一次“眼睛盛宴”。色彩丰富的常春藤尤其喜欢在阳光下展示它们的颜色。

NO.10　白掌

抑制人体呼出的废气如氨气和丙酮的“专家”。同时它也可以过滤空气中的苯、三氯乙烯和甲醛。它的高蒸发速度可以防止鼻黏膜干燥，使患病的可能性大大降低。

这种原产于委内瑞拉热带雨林的美丽室内植物，无疑是一项医药生物上的奇迹。

光照条件：喜阴植物，适合温暖阴湿的环境。

所需养护：保持盆土湿润并有规律的施肥，叶子需要经常喷水。

可以去除：氨气，丙酮，苯，三氯乙烯，甲醛。

有趣的植物

体积最大的树

生活在美洲内华达山的巨杉，号称“植物爷爷”，它身高70—110米，树干直径10—16米，上下差不多一般粗，是世界上体积最大的树。它的寿命五千年以上。巨杉下身有一个树洞，可以通过一辆小汽车。

寿命最长的树

生长在非洲的一种常绿乔木科的树，由于这种树流出来的树脂是暗红色的，人们又称它为“龙血树”。它是世界上寿命最长的植物，正常情况下能活两千年，有的能活五六千年，还有的甚至能活八千年。龙血树的木材防腐性很强，在工业上很有用途。

最长寿的叶子

生长在非洲西部干旱沙漠上的百岁兰，一生只长2片叶子，每片叶子约有2米长，可以活到100年，称得上是世界上最长寿的叶子了。

最大的果实

有一种南瓜，它虽然结在细弱的瓜藤上，可是最大的长到60千克重。

最胖的植物

有一种猴面包树，它生长在非洲的东部和西部的热带草原上。这种树一般高10—20米，但是，它的直径却有10米，远远看去就像一座房子，被人们称为是世界最胖的树。由于它生长的地方常常一连七八个月不下雨，在干旱的时候，猴面包树的叶子就落掉了，到了雨季再生长出新的叶子来。它的树干里储藏着大量的水分，干旱的时候，狮子、斑马等都爱到它的树洞里来休息，呼吸湿润的空气。猴面包树的果实像手指的形状，有黄瓜那么长，果肉很甜，猴子很爱吃，故名“猴面包树”。它还有个名字叫“波巴布树”。

长得最快的植物

中国江南有一种毛竹，它在春笋出土开始拔节的时候，一天一夜可以长高1米（落叶松一年才能长高1米），平均每分钟大约可以长高2毫米，有时甚至能听到它生长时拔节的响声。难怪人们常常用“雨后春笋”，来形容发展很快的事物。

咬人树

在云南西双版纳的森林里，有一种叫“树火麻”的小树，你别看它树小，人一旦触碰到它，它就会马上咬你一口，使人火烧火燎得难以忍受。就连大象也很怕它，大象一旦被“树火麻”咬伤，也会疼得嗷嗷叫。“树火麻”没有嘴，怎么会咬人呢？经科学家分析，原来它的叶子能分泌一种生物碱的物质，当人或其他动物触碰到它，它叶子上的刺毛就会蜇进人或其他动物的皮肤里，并分泌出碱质，使人疼痛难忍。

气象树

在安徽省和县境内的山上，有一棵能“预报”当年旱涝情况的“气象树”。这棵树高10米多，树干要3个小孩手拉手才能围过来，树冠遮盖了100多平方米的地面。据说这棵树已经生长了400多年。经过多年观察，人们发现，根据这棵树发芽的迟早和树叶的疏密，就可以知道当年是旱还是涝。例如，树在谷雨前发芽，芽多叶茂，这一年雨水就多；按时令发芽，树叶有疏有密，这一年大致风调雨顺；谷雨后才发芽，树叶又少又稀，这年必有旱情。1934年，这棵树在谷雨后发芽，当年发生了特大干旱。1954年，这棵树发芽早，树叶茂盛，当年当地发了大水。当地一些老百姓，把这棵树奉为“神树”。这棵树为什么能预报当年旱涝情况呢？虽经考察，到现在还没有找出真正使人信服的原因。

动物趣闻（一）

特灵的警犬嗅觉

人类的嗅觉对气味相当敏感，在1立方米的空气中，只要有1/10000毫克的人造麝香，人就能嗅出来，但人只能嗅出2000—4000种气味。而品种优良的警犬，嗅觉却比人高出1万倍。警犬能从120千米以外回到家中。人们利用警犬特灵的嗅觉侦破了许许多多形形色色的案件。

蛇的“热眼”功能

蛇的视力近于零，却能在黑夜里及时发觉并准确捕获几十米外的田鼠、青蛙、蜥蜴等猎物。科学家们证实，这是因为蛇能借助眼睛与鼻子之间颊窝进行“热定位”的结果。

蛇天然具有红外线感知能力，其舌上排列着一种类似照相机的装置，使其能“看”到发出热量的哺乳动物。而人类只有戴上特殊护目眼镜才能探测到红外线。

动物的“语言”

人类由于居住的地域、自然条件的不同，会产生各种各样的方言土语。但科学家发现“方言”并非人类特有，不少动物也有，只不过动物的“语言”或“方言”是一种鸣叫声，属于第一信号系统，也仅与调情交配、觅寻食物、相互争斗或受到意外侵犯等有限行为有关。

动物的数学能力

科学家们曾做过一些有趣的试验，发现蜜蜂有自己的“模糊数学”，它们每天清晨飞出的“侦察员”，回来后用“舞蹈语言”告诉花蜜的方位、距离、多少，于是蜂王便“派遣”工蜂出去采蜜，奇妙的是派出的工蜂恰好都可以吃饱回巢酿蜜。

蚂蚁有精确的计算本领。将一只死蚱蜢切成小、中、大各大一倍的3块，当蚂蚁发现后，聚集在小块上有28只，中块44只，大块89只，大小块上的蚂蚁数恰好多约一倍。

黑猩猩认数至10。美国有只黑猩猩每次从箱子里拿出并吃掉10根香蕉。它一吃吃完了8根，还会继续翻找，直至吃够10根才离去。

苍蝇的测毒奇能

食品残毒检测用常规理化分析方法，然而由于难度大、周期长、成本高，很难适应当前商品市场需要。北京农业大学和中国农业科学院的科学家们研究成功了一种生物检测食物残毒的新方法，他们利用苍蝇对农药的敏感性，以家蝇接触来检测农作物产品、果蔬食物时的致死程度来判断食品含毒量高低。

蜘蛛巧织的“警告”丝网

昆虫学家发现某些蜘蛛在编织自己的丝网中结有独特的花纹。

美国康奈尔大学生物学家们揭示了这种花纹的奥秘，研究认为，这些花纹标记乃是动物，主要是鸟类飞行时用目力可看得见的，它们可利用花纹标记助于确定飞行方位。蜘蛛设置这样的障碍，为的是以此法警告鸟类躲避开它。据学者们揭示，在白天，这样“打上花纹标记”的蜘蛛网免遭破坏的占60%。

鸟雀昆虫唾液可刺激植物生长

长期以来，人们定论一些鸟雀昆虫是植物的破坏者，至今却需重新评定。有关试验证明，许多鸟雀、昆虫的唾液能刺激植物生长。唾液激素又称表皮生长因子，在血液、尿和哺乳动物的乳汁中也有所发现。这种激素能够促进细胞生长和分裂，加速蛋白质的合成，有助于植物生长，并能促进伤口的愈合。

公蟋蟀“调情”赐美食

国外的试验表明，一只求偶的公蟋蟀常常会为它选中的母蟋蟀敬送一满囊精液和一大堆美食，交尾后，母蟋蟀吃掉这些丰厚的食品。

动物也有是非和道德观

英国《奥秘》杂志曾报道，诸如黑猩猩一类的灵长目高等动物，也同人类一样具有一定的是非和道德概念；美国艾莫里大学研究中心的动物学专家迪戈尔博士研究发现，黑猩猩也有“知恩图报”的“感恩观”，试验证实，平时黑猩猩甲常把食物分给黑猩猩乙，当乙拥有食物时，也会无私地分给甲以作报偿。此外，受欺侮的猩猩常受到同伙的爱抚，幼小或体弱的猩猩在类群中会得到“正义”的保护。

动物趣闻（二）

有趣的动物共生现象

在我们的地球上，生存着千万种形状各异的动物，他们之间存在着各种奇妙的关系，有的“杀机”腾腾，不共戴天；有的则互为友邦，相得益彰，甚至共栖生活，生死与共，永不分离。

印度有一种体壮力大勇猛无比的犀牛，但眼小近视，生活很不便。恰好有一种叫牛鹭的小鸟，也叫剔食鸟，专门“伺候”犀牛，停在它的身上，啄食犀牛皮肤内藏着的寄生虫，这样既填饱了自己的肚子，又清洁了犀牛的身躯。

浅水里一种叫隐鱼的小鱼，当受侵犯无处藏身时，就依附在海参身上排便，躲过追杀海参也从其排泄物中得到食物，两全其美。

野山羊与火鸡结成“好友”，彼此受益。野山羊在离火鸡不远之处休息，机灵的火鸡充当着野山羊警卫员。冬天大雪封山绝粮之际，野山羊用蹄子拨雪寻食，火鸡乘机共餐。

动物的共生现象启迪人们，在驯养野生动物时，可充利用它们之间的共生现象，趋利避害，以获得少投入、多产出的好效益。

奇妙的动物自疗法

国内外很多动物试验和跟踪观察表明，热带森林中有一种猿猴，每遇身体不适，打寒战时，就会寻找并咀嚼奎宁树皮，很快即病愈康复；乌干达森林中的一些猩猩一旦患肠道病，便食以白尖木和茜草属的一些植物自疗；野兔受伤后，会撞擦蜘蛛网上的黏性网丝止血；大象怀孕时，主动觅食紫草科小树枝叶，而这类小树枝叶经分析含有催产素成分……

动物的自疗防治疾病之本领，启示人们开发研制了不少新药，蛇医用半边莲解蛇毒是受了狗的启迪。据说，云南白药的首创者民医曲焕章，是在一次猎狩打中了一只老虎，抬回家后那虎竟然逃走，后经查明是吃了一种止血草，于是曲焕章便将此草采回，佐以它药，研制成了驰名天下的云南白药。

神奇的动物医院

生活在南美洲玻利维亚热带中的印第安人，若不慎被野兽或毒蛇咬或意外事故受伤流血不止时，往往不是立即找医生，而是找一种叫“波克”（意为神医）的猪，这种猪的奇能之处是只要让它的舌头舔一下受伤流血的伤口，不一会即自动止血、去毒、消肿，而无论再严重的伤口经舔治几小时后都会结痂，比用药还灵验。因此，当地住户为防不测，家家户户都有一头这种特用猪。

在德国巴伐利亚地区一位牧场主和几位健康学家在一次合作试验中发觉，用受过专门训练的奶牛舔秃头患部，竟能治愈秃头，重生秀发。为此开办了一家“奶牛诊所”，求治者蜂拥而至，络绎不绝，收入可观。

土耳其加尔温泉生活着一种怀有治愈牛皮癣及其他皮肤病绝技的神奇小鱼，一旦前来就医的病人入水，小鱼群分工明确，各司其职，第一批主动咬噬皮肤珍面的痂皮和清理伤口，第二批鱼则不断撞击清洗，第三批做最后治理，这样经几个疗程后，患者皮肤完好如初，不再痛痒和复发。

靠鼻子过日子的动物

各类动物中数狗的鼻子最灵，所以，有人说狗是一种靠鼻子过日子的动物。

狗鼻子能分辨大约200万种不同的气味，而且，它还具有高度的“分析能力”，能够从许多混杂在一起的气味中，嗅出它所要寻找的那种气味。狗鼻子究竟有什么特殊之处呢？各种动物鼻子构造大致相同，鼻腔上部有许多褶皱，褶皱上有一层黏液膜，黏膜里藏着许多嗅觉细胞，当黏膜上分泌出来的黏液经常润湿着这些嗅觉细胞时，就会使具有气味的物质分子溶解在黏液里，并刺激嗅觉细胞，嗅觉细胞马上向大脑嗅觉中枢发出信号，于是就有“味”的感觉了。狗鼻子的特殊之处就在于它的嗅觉细胞特别多，连鼻子那个光秃无毛的部分，上边也有许多凸起，并有黏膜组织，能经常分泌黏液滋润着嗅觉细胞，使其保持高度灵敏。狗的嗅觉细胞的数量和质量都比其他动物胜过一筹，所以对各种气味辨别的本领也就比其他动物高强多了。

近年来，科学家从狗鼻子受到启发，仿造出“电子警犬”，其分辨力和分析力丝毫不亚于狗鼻子。随着人类对狗鼻子更深入的了解，狗鼻子将在人类的生活中发挥更大作用。

猿猴类动物的大与小

猿猴类中最大的动物是大猩猩。雄性身高2米，肩阔80厘米，体重250千克。雌性身材相对较小。它们的身体结构最近似于人类。大猩猩分布于非洲的热带雨林中，过着家庭式的生活，它们在树上筑巢，但雄性却在地上过夜。

生活在亚马孙河流域热带雨林中的矮狨，身长仅16厘米，它们是世界上最小的猿猴类动物。

黑猩猩的呼救

40年前黑猩猩的数量估计为10万以上，而40年后的今天，黑猩猩可能仅有1万多个幸存者了。在一些国家，黑猩猩已完全灭绝，因此，野生动物学家们在替黑猩猩呼救：请保护黑猩猩，让黑猩猩生存下去！

黑猩猩是灵长类动物，许多特征与人类接近，深得人们的喜爱。马戏团、动物园，甚至私人住宅都有它的身影，把它作为宠物圈养起来。一些偷猎者认为黑猩猩有利可图，于是他们在森林里偷猎黑猩猩，然后把它们运到远离森林的繁华闹市，在贩运的路上黑猩猩要死亡一些，被送到买主那里后，新的环境使一些不能适应的黑猩猩死去。黑猩猩的繁殖周期慢，一个雌猩猩活30来岁，11岁开始繁殖小猩猩，每4年才生育一次。所以，人类的捕猎是黑猩猩迅速减少的原因之一。

另外，黑猩猩生活的环境，由于现代化学工业污染，或森林被乱砍伐，生态环境被破坏，使黑猩猩无安身之地，生存环境不佳，使黑猩猩寿命缩短，自然死亡增加。

如果让这种状态继续下去，黑猩猩将在地球上永远消失，为此，科学家已把黑猩猩列入地球上最受威胁的动物种类，呼吁全人类要全面保护黑猩猩。

沙漠之子的觅水妙法

在“淡水贵于油”的沙漠里，动物的生存竞争是围绕着水展开的。也正是在这种恶劣的环境下，动物王国的沙漠之子们也练就了一身觅水求生的本领。生活在澳洲荒漠上的小（蹼）鼠就能够从土壤中吸取水分。这种可爱的小动物是靠食用各种植物的种子维持生计的，可小（蹼）鼠在觅食过程中得到干燥的种子之后，并不急于马上吃掉，而是将种子装进它那特殊的颊袋中运回洞穴里。这些干燥的植物种子的渗透压竟有400~500个大气压之高，足以将洞穴中的哪怕一丁点儿水分，也都统统吸收到种子里。在种子未吸进足够的水分之前，小（蹼）鼠是不会去吃它们的，通过这些植物种子，小（蹼）鼠从土壤中得到了水分。

在澳大利亚的沙漠里还有一种浑身长刺的四脚蛇（蜥蜴）。在一般人看来，它身上那些小倒刺和凸起物是专门对付食肉动物的防身武器，可谁承想到它还有特殊的蓄水功能？其实，四脚蛇皮肤的角质层上有无数的小孔，小孔的开口在小刺之间的凹陷处，水滴正是通过小孔进入皮肤的。但深层组织却没有小孔，水分并不能长驱直入向体内纵深渗透，但也未就此打住或散失。水分在皮肤里朝其头部流动，一直流到毛细管网络汇合成的两个多孔小囊里。这两个小囊长在四脚蛇的嘴角两侧，是一对绝妙的水分收集器，四脚蛇只要动一下颌部，水滴就会自动冒出来。所以，沙漠中常可以见到四脚蛇浸泡在不可多得的水中，用其皮肤吸附大量的水分，汇集于囊中以备不时之需。再有，四脚蛇身上小刺的温度低于皮肤，一旦进入夜晚，小刺就能从空气中聚集水分而形成水滴，并迅速被“干旱”的皮肤吸收。

荒漠上生存的所有动物都有一种自身造水的本领，即通过动物体内的脂肪“燃烧”产生水和二氧化碳。水被肌体保留和吸收，二氧化碳则排出体外为自然界的植物所享用。蛇、蜥蜴、羚羊、斑马、狮子、长颈鹿和鸵鸟等都在体内储藏了大量的脂肪，只不过脂肪通常都不分布在皮下，而是在其特殊的部位——驼峰、尾巴或尾部（如羊、巨蜥、飞鼠、小跳鼠等）储存着。骆驼可储存110—120千克；肥尾羊也有10—11千克之多。实际上，这些动物油（脂肪）库是“沙漠之子”们的天然贮水器。

南极与北极的动物特产

海象是鳍足目中最大的动物之一，也是北极特有的哺乳动物。它们的犬齿巨大，雄性犬齿可长达70厘米。雄性与雌性的体长分别为5米和3米，体重1—2吨，海里的蠕虫是海象的主食。

象海豹则是南极特有的巨型鳍足目动物。雄性体重高达3.5吨，身长5.5米。由于这种雄性海兽有一个类似大象的长鼻那样出奇的吻部，因而得了个“象海豹”的名称，一旦它动怒，它的“长鼻”可伸长到0.5米之长。18世纪和19世纪，由于受到滥捕乱杀，它们的数量急剧减少。近年来加强了保护措施，数量正逐步回升。

北极熊（白熊）是北极特有的食肉动物，它们的活动范围从未超出北极沿岸地带。

企鹅是南极特有的鸟类，共有17种，其中有一种勇敢的企鹅竟能顺着寒冷的海流游到加拉巴哥斯群岛附近的赤道水面，但它们却从未在北半球露过面。

珍奇动物——羚牛

在喜马拉雅山脉和横断山脉高山地区，生长着一种大型偶蹄动物，它是中国的珍奇特产动物羚牛。

羚牛一般栖住在2000多米以上的高山，夏季可到4000多米以上的高山生活，主要吃草本植物，对盐有特殊的嗜好。它们过着群栖生活，善于爬山越岭，很爱护自己的幼兽，每年产仔一头，幼犊刚出生时有10千克左右。长到成年后体重可达500千克。羚牛有角，幼年时角是直的，成年后角开始弯曲，因此，又叫它“扭角羚”。

羚牛现在保存下来的数量已经很少了，是中国一类保护动物。为挽救这一珍贵动物，中国开始了人工饲养，并已成功实现了人工饲养条件下繁殖幼羚牛。

猛犸的故事

猛犸是地球上早已灭绝的哺乳纲兽亚纲真兽次亚纲长鼻目动物。尽管它们生活的冰河时代距今已很久远，但科学家们对它那富有神秘色彩的生活习性仍怀有极大的兴趣。

猛犸（又被称为古象）作为大象的祖先，它们的体形比象要大，嘴里伸出的獠牙比当代的象牙要长得多。因而，从外形上看，猛犸的确给人一种青面獠牙的凶猛感觉，而不像今天的大象那样温驯谦和。

早在沙皇俄国的彼得大帝时代，著名科学家罗蒙诺索夫就悉心研究过猛犸。猛犸的尸骨残骸最早是在西伯利亚地区发现的。当时就猛犸的身世来历众说纷纭。有人说，猛犸是由古代统帅汉尼巴用于征战的战斗象，远征中散落在欧洲大陆，其中一些流落到乌拉尔的就冻死了。还有一种推测说是猛犸的尸体是由其生长地——亚洲中部和南部，沿着西伯利亚的河流漂流而至的。而只有法国的杰出科学家居维叶于19世纪上半叶发表了科学的断言，猛犸的浑身长毛以及长鼻等生理特征足以表明，它们的原产地就是发现其尸骨和残骸的地方——西伯利亚地区。由于猛犸的骨骼和尸体的发掘地在北极圈外永久冻结的土壤层中，因此，尽管已经历了千千万万年的历史变迁，但这天然的冰箱却使尸骨残骸保存完好。从1805年到1900年的近百年间，俄国彼得堡科学院共收到过30则关于发现猛犸的消息，但由于交通运输条件的限制，以及人们的考古科学意识淡薄，人类从未获得过完整的猛犸尸体。而当时发现的骨头、牙齿的数量是惊人的。据统计，第一次世界大战前的俄国雅库茨克城，平均每年出售14 570千克猛犸骨，而要获得如此数量的骨头，大约要找到200头猛犸才行。以此推断，当时西伯利亚的猛犸数量十分可观。

1901年，一位猎鹿人发现了一具完整的猛犸尸体，并设法成功地将这具保留比较完整的猛犸尸体运抵彼得堡科学院。在发掘现场，人们发现猛犸是保持一种“坐姿”死在一个坚硬的大土块上，头骨有损伤，肌肉中有明显的充血现象，胃中尚有没消化的食物——树枝和青草，甚至嘴里还有一束没来得及咽下去的青草。科学家根据猛犸尸体的上述情况及现场环境，对这头猛犸的死因和自然入葬的情景做出合乎逻辑的推测：在远古时代的某一秋日里，一头猛犸漫步在别廖佐夫卡河的河岸边，不时用长鼻子将青草和树枝卷食进嘴里，突然，河岸边的土层因河水的长期浸润，承受不了猛犸这庞然大物的体重而发生坍塌，这头猛犸束手无策地陷了下去，当它奋力挣扎总算支撑着站立起来的时候，又有大批沉重而坚硬的岩块砸在它的背上，就这样陷入了灭顶之灾的深渊中，从肌肉充血的情况可以判断出它最终是窒息身亡的。

鼹鼠怎么又叫“反巴掌”

鼹鼠是哺乳类鼹鼠科动物。由于长期穴居土壤，身体的形态结构有不少变化，最有趣的是它的前掌向外翻出，掌心向外，所以人们又称它为“反巴掌”。可别小看了这个“反巴掌”，这个宽扁、掌爪发达的“巴掌”像一把钮齿，随着它的向外翻转，掘土飞快，为鼹鼠挖穴造居立下了汗马功劳。鼹鼠的地下生活不仅使它翻转了巴掌，它的吻也变得十分尖锐，如同掘土机机头上的钻具，毛柔滑没有顺逆之分，这样减少了它在地道里钻进钻出时的皮毛摩擦之苦，长期在黑暗中生活，鼹鼠的眼已没有什么用场了，它的眼也变得十分细小，但它的触觉却变得更加敏锐。

鼹鼠爱好地下生活，地下生活也改造了鼹鼠，鉴于鼹鼠常年在黑暗中劳作，人们还送给它一个雅号——“不见天”。

负鼠“骗子”

负鼠是一种身长40—45厘米、外形似老鼠的小动物，生长在美洲地区的负鼠与澳大利亚的袋鼠有相同的生活习性，即母负鼠以其别致的育儿袋带着小负鼠四处活动。偶尔，母负鼠也把小负鼠背在背上，小负鼠的尾巴则与负鼠妈妈的尾巴缠绕在一起，在小负鼠长大之前，它是不会离开母负鼠的。负鼠在遇到不测、突如其来的袭击以至于无法逃生脱险时，就会装死以求保全生命。为此，负鼠得了一个“骗子”的坏名声。其实，在紧急关头要点儿小花招也无可非议，因为不装死就得白白送死，那多不合算呀！

负鼠“装死”的伎俩之所以行之有效，是因为任何凶残的猛兽——狮子、老虎、狼都不敢贸然接近刚死的猎物，何况负鼠的“装死”来得突然，意想不到之间就把猛兽吓住了。这就是负鼠的拿手好戏——“心理”自卫对策的成功所在。恐惧感使猎食者的食欲受到抑制，使它们对已到手的猎物暂时失去了兴趣，这就给负鼠提供了伺机逃生脱险的机会。而负鼠从“装死”的状态突发性地撒腿逃命，这一反常的再度表现，又把猎食者给唬住了，也就不会再去追杀这到手的猎物了。

过去，有人曾认为负鼠的“装死”并非骗术，而是它们在大难临头时真的被凶神恶煞的猛兽吓昏过去了。科学家们运用电生理学的原理对负鼠进行活体脑测试，揭开了这一谜底。针对负鼠身体在不同状况下记录在案的生物电流的数据分析，得出的结论是，负鼠处于“装死”状态时，它们的大脑一刻也没有停止活动，不但与动物麻醉或酣睡时的生物电流情况大相径庭，甚至在“装死”时，负鼠大脑的工作效率更高。看来，负鼠名下的“骗子”称号并没有张冠李戴。

哺乳动物的优势

哺乳动物在繁衍生产上的优势在于，母乳为后代提供了养分充足且易于被消化的天然优质婴幼食品，从而有效地保证后代有较高的成活率，而无效的繁殖数量也随之相应降低，初生的幼小生命不再会因自然灾害和恶劣的气候环境而缺吃少喝，母亲体内的脂肪足以维持小型“乳汁厂”的开工投产。动物的乳汁含有蛋白质、脂肪、乳糖、钙、碳酸氢钠、镁、氯、钾和多种矿物质，还含有维生素和激素。其中海豹和灰鲸的乳汁最富有营养，其脂肪含量高达53%以上，因而一头小鲸每天竟能靠乳汁增重100千克。野兔每周仅给小兔喂二三次奶就足够了，原因是它们的乳汁中含有25%的脂肪。

同吃同住的家庭生活模式，使幼小的哺乳动物获得了更多的生存机会。“适者生存”的自然法则更加速物种的进化速度。哺乳动物在家庭生活的圈子里不仅养育和护卫自己的后代，更注重培养后代的觅食和自身的防卫御敌能力。食物结构的改善促进了大脑的发展，从而使哺乳动物能够将智能和经验代代相传，长久受益。

水下哺乳动物的呼吸方式

水生哺乳动物能长时间在水下活动而又不至于缺氧。它们是如何解决呼吸问题的呢？通常情况下，血红蛋白作为一种血液与氧结合的特殊物质具有两种特性：在血液流经肺部时，能及时高效地与氧结合，即每毫升血液可结合0.2毫升氧，约占血量的20%；能及时释放所结合的氧，使肌体组织及时受益。肌肉的需氧量较大时，在收缩过程中使血管受阻，无法从血液中获得宝贵的氧，因而大自然又选择一种肌红蛋白来为肌肉供氧。肌红蛋白类似于血红蛋白，但它捕获和保存氧的能力更强一些，只有在外界环境中非常缺氧的情况下才释放氧。温血动物心肌中的肌红蛋白含量为0.5%，可使每克心肌获取2毫升的储存氧，这足以保障心肌的正常需求。

水生哺乳动物在至关重要的肌肉里，肌红蛋白的含量很高，它们的大储量氧库就构建在那些肌肉里。抹香鲸能在水下潜泳30—50分钟而丝毫不感到困难，鳄鱼则可在水里逗留0.5—2小时，这正是肌红蛋白发挥储氧供氧机能的奥妙所在。

鸭嘴兽的特殊身份

一般而言，哺乳动物都是胎生。但是，鸭嘴兽却与众不同地既下蛋，又与其他哺乳动物毫无二致地用乳汁养育后代。鸭嘴兽身上有200多个小腺体，所有腺体的导管均汇集于腹部皮肤的一个特定位置敞开，形成乳腺区，奶汁就从靠毛鞘的开口处——哺乳区分泌出来，沿着羽毛淌下来，小鸭嘴兽只能舔食，而不像其他哺乳动物那样，将奶头含在嘴里吸食乳汁。除了卵生这个特点外，鸭嘴兽还具有与其他爬行动物相似的特征：雌兽还有孵卵的习惯，它的体温不大恒定，大脑也不太发达，成年后的鸭嘴兽没有牙齿。鸭嘴兽这样既像爬行动物又确实是以哺乳方式来养育后代的哺乳动物，在动物起源研究上具有特殊的身份，被认为是爬行类向哺乳类动物进化的过渡动物，从鸭嘴兽身上，研究动物起源、分类的学者们，可以找到哺乳类起源于古代爬行类的证据。

海豚的语言

海豚是通过声音信号与同类进行沟通、联络的动物。它们的声音信号反应，可能是世界上最接近于人类语言的动物语言。科学家们曾做过这样一次有趣的试验。科学家首先让两只养在同一水池里的海豚学会了一种技巧，即当它们看某一图案时就会条件反射地去推压左侧的装置，而见到另一图案时又会推压右侧的装置。在这之后，科学家们用隔板将水池一分为二。这就使圈在水池右半部的海豚能看到图案，却无法触及相应的装置；待在池子左半部的海豚能触及装置却又看不见那幅刺激它推压装置的图案。然而水池隔开不久之后就出现了奇迹。左半部那只海豚居然能在没见到图案的情况之下，准确无误地推压装置。这一事实表明：右半部水池里的海豚已经通过声音信号将图案展示的品种及时间这样复杂的信息准确无误地传达给同伴。

蝙蝠是鸟还是哺乳动物

动物界常有许多怪事，像鱼的鲸都不是鱼，善于水中游泳的企鹅却是鸟，无翼不能飞的鸵鸟是鸟，而有翼能飞的蝙蝠却不是鸟。

为什么蝙蝠不是鸟呢？蝙蝠虽然有由前后肢和尾之间的皮膜连成的翼，胸骨和胸肌都很发达，能像鸟类那样展翼飞翔，但它不是鸟类而是哺乳动物。因为蝙蝠的体表无羽而有毛，口内有牙齿，体内有膈将体腔分为胸腔和腹腔，这些都是哺乳动物的基本特征，更重要的是，蝙蝠的生殖发育方式是胎生哺乳，而不像鸟类那样卵生，这一特征说明蝙蝠是名副其实的哺乳动物。

顺便再说明一下鲸和企鹅的身份。鲸虽然体形像鱼，如前肢变成鳍状，后肢完全退化，尾呈水平鳍状，适于游泳。但是，鲸具有很多非鱼类的，而是哺乳动物的特征，如鲸的幼体体表有毛，用肺呼吸，体温恒定，胎生哺乳，这些特征说明鲸是哺乳动物，而不是鱼。企鹅原本是有羽毛的，但长期的潜水生活，它的羽毛已退化成鳞片状，此外它的骨骼构造、内脏结构及卵生的生殖方式与鸟类相似，所以它是鸟类。

蝙蝠的回声探测器

蝙蝠发射超声波主要是为了探测食物的方位。它们使用的声波频率通常高达40 000—300 000赫兹，波氏为1—3毫米。以几乎静止不动的、小型的对象为食物的蝙蝠（即吃停在树上的昆虫或水果、浆果之类的蝙蝠种类），觅食所用的声波相对较低、频率恒定，约为150 000赫兹。而在飞行中捕食猎物的蝙蝠不光要确定猎物的方位，还要测定猎物的移动速度，于是它们都善用频率不断变换的声音信息。食虫蝙蝠常将自己的身体倒挂在树或岩壁上，而它们的嘴却不停地向四面八方旋转，每秒钟发出10—20个信号，每一信号包含50个声波振荡，起始频率与结束频率分别为90 000赫兹和45 000赫兹，使两种不同的频率在一条信息中出现。

蝙蝠通过测量与定位信号波长相关的回声声波变化来给飞行中的猎物定位定向。猎物迎面飞来，蝙蝠就会收到如同被猎物压缩过了由长变短的反射声波，猎物飞行速度的快慢与反射声波波长压缩的程度成正比。倘若猎物与蝙蝠逆向飞行，则收到的回声的波长会变大，速度越快，听到的回声频率也就越低。

蝙蝠的回声探测器具有很高的精确性。不同质地的物体对声波的反射也不尽相同，平整光滑的物体反射声波效果最佳，柔软粗糙者则使声波衰减，蝙蝠竟能将面积相同的绒布、胶合板以及砂纸区别开来。

爱吃鱼的蝙蝠的回声探测器不仅能在空气中工作，甚至对水也有极强的穿透力。它们紧贴水面飞行，并向水中发送信号。按理说声音信号只可能部分地从水面反射回来，且大部分回声会在空气中消散，此外，含有80%水分的鱼体与水的传声特征非常接近，蝙蝠的声音几乎不可能从鱼体上反射回来。可是鱼体内的鱼鳔（俗称鱼泡）充满空气，这可帮了蝙蝠的大忙。与其说是蝙蝠通过鱼鳔探测到了鱼的准确方位，倒不如说是鱼鳔这一暗藏在鱼体内的“内奸”出卖了鱼。

燕子为什么要南飞过冬

燕子是一种候鸟。冬天来临之前的秋季，它们总要进行每年一度的长途旅行——成群结队地由北方飞向遥远的南方，去那里享受温暖的阳光和湿润的天气，而将严冬的冰霜和凛冽的寒风留给了从不南飞过冬的山雀、松鸡和雷鸟。表面上看，是北国冬天的寒冷使得燕子离乡背井去南方过冬，等到春暖花开的时节再由南方返回本乡本土生儿育女、安居乐业。果真如此吗？其实不然。原来燕子是以昆虫为食的，且它们从来就习惯于在空中捕食飞虫，而不善于在树缝和地隙中搜寻昆虫食物，也不能像松鸡和雷鸟那样杂食浆果。种子和在冬季改吃树叶（针叶树种即使在冬季也不落叶）。可是，在北方的冬季是没有飞虫可供燕子捕食的，燕子又不能像啄木鸟和旋木雀那样去发掘潜伏下来的昆虫的幼虫、虫蛹和虫卵。食物的匮乏使燕子不得不每年都要来一次秋去春来的南北大迁徙，以得到更为广阔的生存空间。燕子也就成了鸟类家族中的“游牧民族”了。

鸟巢中的“羽绒厂”

野生的绒鸭生长在北方海域中的岛屿或海岸边的陆地上。绒鸭身上的绒毛柔和细软、手感极好，是羽绒中难得的珍品。

每逢垒窝筑巢期到来的时候，绒鸭总会情不自禁用嘴将胸部和腹部的优质绒毛拔下来，用来精心铺垫它们的爱巢。在绒鸭的蛋生出来之前，人们是绝不会从巢中取走绒毛的。人们对它们采取一种友好、保护的积极态度，每年总不会忘记在绒鸭筑巢之前为它们准备场地，并将猎杀绒鸭和偷吃鸭卵的狐狸和猛禽消灭干净，甚至连狗也被禁止进入绒鸭栖息的岛屿。这样，等到雏鸭即将孵化出来之前，也就是绒毛尚未被刚出壳的鸭污染之前，人们就开始收获鸭绒了。每个巢大约能得到20～50克极其珍贵的羽绒。对于巢中只剩下为数不多的绒毛，雌绒鸭绝不会气急败坏，它们会找来一些干燥的水藻将鸟巢重新铺垫舒适，或者再从自己的身上拔下些绒毛来。当然，动员雄绒鸭“捐献”些绒毛也不是没有可能的。即使鸭绒被人取走了，绒鸭妈妈仍然会想方设法为她们那刚出世的小宝宝创造一个舒适暖和的安乐窝。

雌性绒鸭不仅对其儿女充满爱心，同时也与人类保持着和睦相处、礼尚往来的友好关系。对于关照它们生儿育女并积极创造和平生态环境的人们，绒鸭用不着再存有戒备心理了。它们与人类越来越亲切的关系，意味着有朝一日绒鸭将成为家禽中的新成员。

鸵鸟为什么不能飞翔

鸵鸟是现存体型最大的鸟类，体重有100多千克，身高达2米多。要把这么沉的身体升到空中，确实是一件难事，因此鸵鸟的庞大身躯是阻碍它飞翔的一个原因。鸵鸟的飞翔器官与其他鸟类不同，是使它不能飞翔的另一个原因。鸟类的飞翔器官主要有由前肢变成的翅膀、羽毛等，羽毛中真正有飞翔功能的是飞羽和尾羽，飞羽是长在翅膀上的，尾羽长在尾部，这种羽毛由许多细长的羽枝构成，各羽枝又密生着成排的羽小枝，羽小枝上有钩，把各羽枝勾连起来，形成羽片，羽片扇动空气而使鸟类腾空飞起。生在尾部的尾羽也可由羽钩连成羽片，在飞翔中起舵的作用。为了使鸟类的飞翔器官能保持正常功能，它们还有一个尾脂腺，用它分泌油质以保护羽毛不变形。能飞的鸟类羽毛着生在体表的方式也很有讲究，一般分羽区和裸区，即体表的有些区域分布羽毛，有些区域不生羽毛，这种羽毛的着生方式，有利于剧烈的飞翔运动。鸵鸟的羽毛既无飞羽也无尾羽，更无羽毛保养器——尾脂腺，羽毛着生方式为全部平均分布体表，无羽区与裸区之分，它的飞翔器官高度退化，想要飞起来就无从谈起了。

那么为什么鸵鸟的飞翔器官会退化呢？这要从鸟类的起源说起。据推测大约在两亿年前，由一支古爬行动物进化成鸟类，具体哪一种爬行动物是鸟类的祖先，尚无定论。随着鸟类家族的繁盛以及逐渐从水栖到陆栖环境的变化，在适应陆地多变的环境的同时，鸟类也发生了对不同生活方式的适应变化，出现了水禽如企鹅、涉禽如丹顶鹤、游禽如绿头鸭、陆禽如斑鸠、猛禽如猫头鹰、攀禽如杜鹃和鸣禽如喜鹊等多种生态类型，而鸵鸟是这么多种生态类型的另一种类型——走禽的代表。长期生活在辽阔沙漠，使它的翼和尾都退化，后肢却发达有力，使其能适应沙漠奔跑生活。自然法则是无情的，只能适应而不可抗拒。如果鸵鸟的老祖宗硬撑着在空空荡荡的沙漠上空飞翔，而不愿脚踏实地在沙漠上找些可吃的食物，可能早就灭绝了。退一步讲，如果大自然最早把鸵鸟的老祖宗落户在树林里而不是沙漠上，鸵鸟也许不会成为不会飞的鸟类，但也许它也不会称之为鸵鸟了。

鸟类的故事

鸟类的“假牙”

牙医能给缺牙者装上假牙达到保健目的。鸟类是没有天然牙齿的动物，就得借助于假牙来磨碎食物，然而它们的假牙不是装在口腔里，而是搁进了胃里。鸟类的所谓“假牙”就是将一些砂粒装进了一个肌壁十分发达的砂囊里，鸟类吃下的谷物正是由这些砂粒磨碎的。至于它们选择什么样的砂粒作为坚硬的“假牙”，假牙的磨损和更新周期的情况如何？还有待人们通过进一步研究来做出回答。

鸟类有乳汁吗

人们历来将“鸟乳”作为不切实际的事情和绝对行不通之类事物的代名词。鸟类似乎是绝对不可能有乳汁的。但斑鸠产乳恐怕是鸟类家族绝无仅有的唯一例证。斑鸠的乳汁不是由乳腺而是由嗉囊内壁的一种再生作用所产生的。这种不可多得的鸟乳时常与潮湿的谷物混合起来，成为斑鸠幼鸟的可口食物。更令人称奇的是，斑鸠不论雌雄都能产乳汁，因而其父母双亲都能承担养育雏鸟的职责。同哺乳动物的生理机制一样，斑鸠的乳汁分泌也是受脑垂体前叶激素（催乳激素）控制的。

鸟类的“婚姻”

在鸟类家族中，家庭和睦，夫妻恩爱的情况并不多见。一般来讲夫妻关系并不十分紧密，甚至是断断续续。只有当它们考虑生儿育女问题的时候才会生活在一起。人们常见的候鸟在冬季宿营的时候，雄鸟与雌鸟从来就不同床共枕，在漫长的迁徙飞行中，它们也是各自为政、而只有到了巢区时才会重新相会聚首。

似乎是鸟巢才具有诱惑力，而婚姻本身并无什么约束力。甚至“喜新厌旧”的事情也是经常发生的。春天，当雄鹳首先飞抵鸟巢的时候，如果有缘来相会的是一位年轻貌美的雌鹳的话，雄鹳一定会一见钟情，再结秦晋之好，而等到原主妇归巢的时候，雄鹳则会形同路人地不理不睬，甚至会坐山观虎斗地对待两只雌鹳之间情敌之战。坐等胜利者顺理成章地成为它的妻子。

鸟儿的“招待所”

南美杜鹃像知了一样老是不厌其烦地重复“啊尼！啊尼！啊尼！”的啼鸣，因此又得了一个“阿尼鸟”的别称。阿尼鸟筑巢解决住房问题时，从不搞独门独院，而是群鸟聚集起来盖“招待所”——构筑又大又深的鸟窝，供鸟群在同一屋檐下共享劳动成果。尔后，雌鸟各自下蛋，单只产蛋量为15—20个，高产鸟可达50个之多。当大鸟窝里布满了蛋之后，便有好几只鸟同时承担孵化任务。“招待所”里的所有房客都必须轮流承担这项工作，即使是雄鸟也不例外。

杜鹃的坏名声

世界上约有50种杜鹃在别的种类的鸟窝里下蛋，这种巢寄生的现象，使杜鹃落得了一个“不愿抚养亲生孩子”的坏名声，其实，生活在印度和美洲大陆的杜鹃，并非不负责任的父母，对于垒窝筑巢、孵卵和喂养雏鸟的义务，它们都是亲力亲为、尽责尽职的。

奎氏杜鹃中就有在同种中找窝寄生孵卵的个别“懒汉”，并败坏了整个种群的名声。

在北美洲定点繁殖的黄嘴杜鹃，由夫妻共同筑巢。由于雌鸟每个繁殖期下10个蛋，但下蛋的间隔时间很长，以至于常常会使雏鸟和新生蛋混杂在同一个窝内。喂养雏鸟使雌鸟无暇再顾及孵蛋，却又要把蛋下完。于是黄嘴杜鹃就染上了将蛋寄存在邻居——不同种类的鸟巢的“毛病”。

还有的杜鹃从不筑窝。眼见别的鸟住房条件优越，它就会去“占窝为王”。这种不道德的行为倒是促使它们在孵卵、饲喂雏鸟的亲身经历中重新找到了“为鸟父母”的感觉。

非洲生长着一种大斑杜鹃，善于选择“保姆”为它们孵卵、喂养雏鸟。一旦小鸟羽丰振翅，大斑杜鹃又会把自己的子女从“保姆”手中领走，按照固定的模式养育后代。

生活在俄罗斯的杜鹃在生儿育女方面，获得了150种鸟的无私援助。但每个鸟窝只寄养一个蛋。它们善于选择蛋的大小与色泽与自己相类似的鸟种作养父养母的“最佳人选”。

寄养过程一定要做到神不知鬼不觉，否则就有可能惨遭不测——被人家扔出去。由养父母孵化出来的小杜鹃形体与声音都与养父养母所生的子女相类似。这就大大增加了它们寄人篱下的安全系数。

海洋动物也要睡觉

众所周知，陆地上的动物是要睡觉的，尽管它们睡觉的姿态和方法不同。那么，海洋中的动物是不是也要睡觉呢？回答是肯定的，也要睡觉，它们睡觉的姿态和方法就更特别。

其实，睡眠只不过是作较长时间休息的一种特殊方法。不管是陆地上的动物还是海洋中的动物，都需要进行休息，包括睡眠。这种睡眠，陆地上的动物一般时间较长，容易被人察觉而海洋中的动物大多时间很短，就难以被人发现了。例如，鱼类的睡眠时间就非常短，有的仅几分钟，有的甚至只有几秒钟，人们眼一眨的工夫，对有些鱼来说，就已睡了一觉。

海洋中除鱼类外，还生活着许多哺乳动物。它们睡觉的方法虽然与鱼类不同，但同样要睡觉。例如，海豚睡觉时，多半在夜里浮在水下1米的地方，安安稳稳地进入梦乡，而它的尾巴，仍然会每隔约30秒钟，便摆动下，其作用有两个：一是使它的头能露出水面，吸一口空气；另一个是使它在水中的位置更加稳定，不受水流或波涛的影响。最有趣的是有一种阿佐基海豚，它们是用大脑两半球相互交替睡眠的：当一个半球在沉睡时，另一个半球却处于觉醒状态。过了一些时间，沉睡的则觉醒，觉醒的又沉睡，如果受到外界强烈刺激，两半球将会立即觉醒。因此，它们始终能处于游泳状态，甚至在睡眠中游速也不会减慢。

海豹和海豚不同，它们既可以生活在水下，又可以爬到岸上活动。如果在地面睡觉，就和陆地动物相似；如果在水下睡觉，每进行一次呼吸，就要醒来一次。这就是说，它们是在呼吸的间隙抽空睡觉。

海狗也是一种既能生活在海洋、又能生活在陆地的海洋动物。它们在陆地上睡觉时，可和陆地动物睡得一样甜美；在水下时，就和阿佐基海豚一样用大脑两半球轮流睡觉。

产于北太平洋海岸的海獭，会在海边用海草结成一张“床”，围成椭圆形，睡觉时就把身体藏在中间，腹部朝天。如果它对在某个地方睡觉感到满意，就会每天都到那个地方去睡。

生长在北冰洋中的海象，睡觉更与众不同。它睡觉时不是平卧，而是垂直在水中，头部则露在水面上。

令人喜欢的海狸，一般在白天睡觉，睡时仰着头，有时还磨牙。尤其是小海狸，睡觉最有趣，它们并排着睡，有的还把小脚掌枕在头下。

行星趣闻

行星，是一个披着神秘面纱的奇妙世界。在椭圆轨道上环绕太阳运行的其他行星同地球一样，不仅常有疾风雷电，且有许多耐人寻味的气象趣闻。

金星——金星表面的温度高达近500℃，连锡和铅都会熔化，且无地区、季节的差别。昼夜温差极小。金星上的大气压相当于地球大气压的90倍。因此，人类飞到金星上去考察无异于刀尖上翻跟斗——玩命。因为人会被金星大气的高温烧死，被那里的大气压压得粉碎。

更有趣的是，那里闪电频繁，5分钟内闪电次数可达100次；低层风较小，通常仅每秒2米左右，而高层风速每秒100米（是12级台风风速的3倍），风向恒定不变，永远沿着金星的自转方向。因金星由东向西逆转，自转方向与太阳系其他行星相反，故出现了太阳西升东落的奇景。

木星——那里有地狱般的高温和难以忍受的气压，还有大量的氢（称为氢的海洋）。那里云雾和液体所形成的压力约为地球大气压的300倍，犹如20只大象压在你肩上。在木星大气层的深处，并不是鸦雀无声的，而是旋转翻腾的风和云的吼声从四面八方滚滚而来，还有震耳欲聋的雷声。在木星大气高层中有一个猛烈的风暴，其长度约有24100千米长，比地球大得多。更令人难以置信的是，木星中心的温度可达30 000℃！的确是一个奇特而充满敌意的世界，是一个人类宇航员可能永远不能访问的地方。

水星——因为它离太阳最近，常躲藏在强烈的阳光里，使你难以一睹它的“芳容”。水星上几乎没有空气，距太阳又非常近，所以向阳面的温度最高时可达430℃，但背阳面的夜间温度可低到－160℃，昼夜温差近600℃！堪称行星表面温度差最大的冠军。

火星——美国科学家对火星表面的照片进行分析后，确认在火星表面有最长达75千米的龙卷风轨迹。这些轨迹是由龙卷风在火星表面形成时刮起的尘埃和其他物质形成的。地质学家说，火星表面的大气条件很容易形成龙卷风。它们上层是干冷的气流，下层是较潮湿温暖的气流。当暖流上升时，气流中的水汽凝结成水，因其释放出热量而引起气流旋转，从而形成龙卷风。不过，科学家们说，火星上的龙卷风轨迹不会持续多久，它们会被那些常光顾火星表面的周期性风暴吹得无影无踪。

土星——土星不仅有打雷现象，且不时有大风暴“光临”，时速可达1000英里。但人们不知道引起风暴的确切原因。科学家们说，可能是由于这颗行星内部流体积聚了大量的热，迫使气流上升到云层里，就像沸水中的气泡上升一样。在解释这种神秘的气泡为什么不是连续地向上冒，而是好像突发性和间歇性地向上冒时，天文学家说：“它像一只压力锅，到一定的时候就会气泡上升。”对此，又出现了一个问题：盖子在哪儿?

海王星——长期以来，科学家们一直认为离太阳越远的行星其风力也越弱。但美国“旅行者2号”空间探测器在对海王星进行观测时，发现那里曾有过类似喷气流一样的飓风，经电子计算机解析，风速高达每秒676米（是12级台风的20倍）。这使科学家原有的观点动摇了。因为迄今为止，海王星的风速是已发现的所有行星上最快的。此外，科学家还发现，比地球大300倍的海王星，由于它表面温度很低，其上空的云层实际上是由氨、甲烷凝结而成的。

月球——月球不是行星，而是地球的卫星。美国前些年设立了一个可查询全球600个地方气温和天气预报的电话。于是触动了许多人的好奇心。他们纷纷打“荒诞”电话查询月球气温。月球上的气温情况如何呢？由于月亮上没有大气，月面物质的热容量和导热率又低，所以月球表面温度昼夜相差很大，在太阳垂直照射的地方温度高达127℃，背着太阳的一面可低到−183℃，而常年温度没有变化。

冥王星——它是离太阳最远的，也是最小的一颗行星，由于接受太阳辐射少，日照表面的温度为－220℃左右，在如此低温下，只有氢、氦、氖等可能是气态。因此，冥王星如有大气的话，那也只能是极其稀薄的、透明的。目前它的神秘面纱还未被揭开，有待人们去探索。

世界湖泊趣闻点滴

火山死亡之湖

在意大利西西里岛埃特纳活火山中，有一小小的“酸湖”，湖底两口泉眼源源不断喷出带强酸性的泉水，致使湖水变成“酸水”，鱼虾不生，人和动物失足落水，也会被酸水淹杀死。

泻湖威尼斯

在意大利亚得里亚海，有一片广阔的浅水区与大海隔绝，形成泻湖威尼斯，美丽如画的威尼斯城就坐落在泻湖的中心。

该泻湖湖长50千米，宽11千米，小岛密布。威尼斯城由118个小岛组成，城内小巷全是水道，靠小舟往来。

巴哈马的“火湖”

在加勒比海巴哈马岛上有一个“火湖”。

每当夜幕降临，微风吹拂，湖面会泛起“火花”，跃出水面的鱼也散射着火光。

原来，这个湖中生长着大量会发出荧光的甲藻，该种藻体内含有荧光酵素，每当湖水受到扰动时，便会发出荧光闪闪的“火花”，只是由于它的光亮十分微弱，故此白天看不见而晚上却能看到它的光芒。

令人迷惑的马拉维湖

马拉维湖位于非洲东部大断裂谷的南端。

它是一个十分奇特的湖泊。上午九时左右泱泱湖水开始消退，直至水位降至6米才中止。两小时中，湖水又继续消失，直至湖岸出现浅滩。四小时后，湖水逐渐返回。马拉维湖恢复原有泱泱大湖的丰姿。

下午七时，湖面开始骚动，水位不断上升，直至洪流满溢，倾泻四方。两小时后恢复平静。

然而，其变化无一定规律，有时一天一变，有时数日一周期，有时数周一轮回，但都是从早上九时开始，一个变动周期能持续12小时。

动物过冬趣闻

兔子撞肚皮

冬天，兔子的毛又长又密，皮下脂肪层也增厚。穿上这件

"冬衣"有时还嫌冷，它们就挤在一起，互相撞击肚皮，以次取暖。

老虎跑

步数九寒天，深山老林异常寒冷，以速度和力量著称的老虎，就用奔跑和跳跃取暖。此时，老虎颇为专心，就近在身旁的猎物也弃之不顾。

燕子避寒

燕子是候鸟，对气候的冷暖非常敏感。一到秋风送凉，生活在我国北方和长江流域的燕子，就万里迢迢"出国"到澳大利亚、印度等温暖的地方过冬了。大雁南迁时，白天飞行，晚上睡眠。燕子则是在晴朗的夜晚结伴飞翔。

海豹冰上钻孔

南极的冬季，朔风劲吹，白雪皑皑。生活在这里的海豹，便到冰封的海水中过冬，因为海水的温度比陆地上高一些。海豹能呼吸冰层下积存的少量氧气，但主要还是呼吸冰层上的空气。它用锯齿似的门牙将冰层"锯"出一条缝隙，然后，再沿裂缝"锯"成一个空洞。这样，海豹的身子浸在水中，鼻孔可露出水面进行呼吸。

蛇冻成"冰棍"

爱尔兰有一种蛇，其冬眠方式特别有趣，它游到水中，让严寒的气候把自己冻成"冰棍"。当地的居民就用这种"冰棍"制成风情别致的"门帘"。待到春天来临，"门帘"就会悄悄地溜掉。

熊毛吸热

号称“冰上霸王”的北极熊，其增温越冬的奥秘，经科学家用扫描电子显微镜观察终于揭开了：熊毛是一根不含任何色素的空心管子。这种空心管子几乎可以吸取包括紫外线在内的大部分光线，由此增加了北极熊的体温，即使冰天雪地，严寒奈何它不得。

鲨鱼趣谈

人们一提起鲨鱼都会异口同声地说：“那可是海洋里的霸王，它还吃人哪！”要说鲨鱼是海里的霸王还算称得起，要说鲨鱼吃人，这可就使大多数鲨鱼蒙受了不白之冤。鲨鱼属于软骨鱼类，全世界的鲨鱼共有250种，生活在我国海洋里的鲨鱼也有70多种。它的分布也很广，无论是热带、亚热带海洋，还是温带和寒带水域，都有它们的踪迹。鲨鱼最大的要数鲸鲨，它的体重可达80吨，体长25米。其实鲨鱼并不都是那么大，有一种叫橙黄鲨的，只有35厘米长。不少人对鲨鱼的食性捉摸不透。是的，鲨鱼可以说为杂食性的鱼类，至于说吃人，那只是几种少数鲨鱼：大青鲨、双髻鲨、锥齿鲨和噬人鲨，就这几种鲨鱼还是在它们非常饥饿的情况下并闻到了血腥味的时候才有攻击人的现象。当然，潜海人员在水中受伤是很危险的。其实鲨鱼主要以微小的浮游生物为主要食物。其次还吃些小鱼、海龟、海鸟、小型海洋哺乳动物。不过令人惊奇的是鲨鱼还能吃下尼龙大衣、笔记本、碎布片、皮靴、舰艇的号码牌以及羊腿、猪头及钢盔等等。

鲨鱼虽然号称海中之霸，但是在大自然中，动物之间是相互依存又是相互制约的，即一物降一物。凶狠的鲨鱼却怕一种叫逆戟鲸的海洋哺乳动物，因为逆戟鲸的牙齿非常锋利，又由于逆戟鲸出来活动，从不“单枪匹马”，而是几十头一齐出来，鲨鱼一旦碰到了逆戟鲸就要马上逃跑，如果来不及逃跑，那么它就将腹部朝上装死躺下，因为逆戟鲸从不吃死东西的。当然也有的鲨鱼既不逃跑也不装死，结果被逆戟鲸使用轮番战术，直到把鲨鱼折腾的筋疲力尽，再把鲨鱼撕成碎块吃掉。

有一种锯鲨，这种鲨鱼的外形很古怪，它捕食的方法也很特殊。它有一个由上颚演变而来的“长锯”，这是一把极为锋利的骨板“锯”其长度为身体的2/3。它捕食鱼类主要靠这个特有的“武器”，在海里左右挥动，不少小动物会死于它的“锯”下。

猫鲨捕食更有“绝招”，别瞧它在海洋里生活，它居然可以捕到在天空中飞翔的鸟类，这似乎是件不可思议的事。你们看，猫鲨发现了天上有飞鸟了，它马上将身体半浮于海面，只露出暗灰色的背部，一动不动，像是一块海中礁石。

有的飞鸟飞累了，正想找个地方休息，看到海里有块“礁石”，便高兴地降落在上面。这时狡猾的猫鲨并不急于行动，而是先将尾部慢慢下沉，再逐渐将后半身沉入海中，飞鸟不知内情，也随之一点一点地向前移动，在它刚刚移到猫鲨头部之际，就被猫鲨突然一口将小鸟吞下。

鲨鱼除了凶狠就是狡猾，那么有没有老实鲨鱼呢？在墨西哥东部的妇人岛附近，一名潜水员潜入海下工作，忽然，他发现在海底一个洞穴里躺着一条鲨鱼，大嘴一张一合地呼吸着，潜水员壮着胆子游近鲨鱼，结果鲨鱼一动不动，这可太奇怪了，一向喜欢进攻的鲨鱼这是怎么了？他又急忙招呼助手一同带着测量器具和摄影器材再次到海中洞穴里，他们用木棍触动它，这条鲨鱼却懒洋洋地挪动了一下，又不再动弹了。后来它们对洞穴里的水进行了化验、分析。发现这个洞里还有淡水涌出，而且淡水里有较高的酸性及二氧化碳，这是使鲨鱼的大脑神经镇静的原因之一。同时淡水和海水混在一起，便形成了电磁场。因此他们断定：任何海洋动物，只要处于这种环境中，都会像人喝了酒一样，进入“兴奋的飘然状态”。

还有一个现象引起了科学家们的注意：凡是生活在其他地方的鲨鱼都有不同程度的寄生虫，唯独生活在洞穴环境中的鲨鱼身上却干干净净。洞里的水像是治虫药水一样，消灭了鲨鱼身上的寄生虫。

海洋鱼医

在碧波荡漾的海洋里，千姿百态的鱼儿熙熙攘攘。突然，一条大鱼迅速地朝一条小鱼游过来。它并不想吃掉这条小鱼，而是在小鱼面前停住了，并张着大嘴，这条小鱼立即钻进大鱼的嘴里，几分钟后，小鱼又窜出来，消失在草丛中，大鱼又急忙追赶自己的“队伍”去了。这种奇怪的景象，每天都要出现几百万次。这到底是怎么回事呢？原来，这种小鱼是海洋中有名的鱼医生。它们为其他一些大鱼解除病痛，并世世代代在海洋里开设免费的“医疗站”和“美容室”。科学家们称这些小鱼为“清洁鱼”。

鱼类和人类也有某些共同之处，它们也经常遭到微生物、细菌和寄生虫的侵蚀。这些寄生虫往往寄生在鱼鳞、鱼鳍和鱼鳃上，甚至还在鱼的嘴里牙缝间。前面提到的那条小鱼，正是个鱼医生，它到大鱼嘴里去吃寄生虫，这样一来大鱼免除了病痛，小鱼又可把寄生虫当作美味佳肴，这在生物学上称作为共生。有时一条鱼被另一条鱼咬伤了，伤口感染化脓，受伤的鱼不得不向鱼医生求医，那么鱼医生就施展医术，用尖尖的嘴来清除伤口的坏死部分，几天后，这条鱼就痊愈了。

有人曾做过这样的实验：故意把“清洁鱼”从这个地方清

除掉，两周后，发现这个地方的其他鱼类在鱼鳃、鱼鳞、鱼鳍上均不同程度地出现了脓肿，患了轻重不同的皮肤病。在广阔的海域里，至今已发现有近50种这种小鱼，它们在日夜地进行着医疗工作。而它们的“医疗站”一般都设立在珊瑚礁、水中突兀的岩石、海草茂密的高地或沉船残骸边。它们每天要治疗400条左右患皮肤病的鱼儿。说来也很有趣，患病的鱼类和鱼医生的关系相当融洽。凡是接受治疗的病鱼必须老老实实地“站”在鱼医生面前，张开嘴巴，让小鱼进入嘴里。也许在治疗中有凶猛的动物游过来，这时被治疗的鱼先急忙把鱼医生带到安全地方，然后回来再与凶猛动物决一死战，决不让小医生遭到残害。有时鱼医生的“生意”相当兴隆，甚至排着长长的队伍，等待着鱼医生的治疗。不过有的时候秩序相当混乱，都想早点让医生看病，不免就要发生拥挤和争执。尽管“患者”着急，鱼医生可从不性急，总是不慌不忙地、精心地工作着。令人奇怪的是来看病的大多为雄性鱼。这可能是因为一则雄鱼好斗，身体经常负伤，再则雄鱼比雌鱼更爱清洁，爱打扮的缘故。至今令人不解的是：这些鱼类在接受治疗的同时会改变身体的颜色，它会由浅色变为红色，或由银色变成古铜色，这是不是在告诉鱼医生自己哪儿不舒服呢?

植物如何长出枝叶

日本京都大学冈穆宏教授首次揭示植物叶和茎的生长机制，据认为这一研究有可能应用在开发和改良农作物品种上。

这位科学家在近日出版的美国《科学》杂志上发表学术论文说，他使用荠菜做实验，应用转基因技术培育了完全不能制造ARR1蛋白质和能过度制造ARR1蛋白质的两种变异植株，并且把它们与正常的野生植株做比较。结果发现：植物生长激素——细胞分裂素会激活ARR1蛋白质，它能促使决定叶和茎细胞繁殖的基因发挥作用。这位科学家把能过度制造ARR1蛋白质的变异植株放在含有细胞分裂素的培基上进行培养，结果，在本来不生长叶和茎的地方都长出了新叶和新茎，而根部的生长却相对减弱了。

迄今，科学家们知道细胞分裂素具有促进细胞繁殖和新芽生长等多种功能，但是，揭示其产生作用的机制，这是第一次。

地球两极趣闻

地球的形状是一个两极稍扁、赤道略鼓的旋转椭球体。它围绕着倾斜的地轴一边自转一边绕太阳公转。这样，就产生了一些奇特的自然现象。

只有一个方向

所谓两极，是指地球表面与地轴相交的两个点，也就是我们常说的南极和北极（朝向北极星的一端是北极）。平时我们说的方向，是指东、南、西、北以及东南、东北、西南、西北等八个方位。它们是依据地球仪上的经纬网来确定的。经线指示南北方向，纬线指示东西方向。而经线只是半个圆的弧线，所有的经线都在南北两极汇集成一个点，因此就产生了南北方向是有限的。地球上最北的地方是北极，最南在南极。站在北极四面八方都朝南；站在南极四面八方都朝北。因此，南北两极便成了只有一个方向的特殊地方。

半年是白天，半年是黑夜

地球上绝大多数地方的一天即24小时，是由白昼和黑夜组成的，而且昼夜长短的变化是有规律的。如赤道附近每天都是12小时白昼和12小时黑夜；由赤道往南往北的地方，夏季时，一天中白昼时间长于黑夜，冬季则相反（如位于北纬30°的杭州夏至日那天，白昼长达13小时56分钟，黑夜只有10小时4分钟）；南北极圈以内（南、北纬66°34′），则出现了极昼、极夜现象，即一天24小时全部是白昼或黑夜；南北两极，一年中半年是白天，半年是黑夜，如北极从春分日到秋分日，这半年全部是白昼，从秋分日到春分日，这半年全部是黑夜，终日不见太阳光。

神奇的动物本能

1. 小鸟筑巢

从东刚果至南非洲热带稀树干草原，常常可以见到有一种叫苍头燕雀的织布鸟。它们用草和许多不同柔韧度的纤维织成的巢，像一粒粒奇异的果实一样悬挂在树枝上。织布鸟选择结实的动物毛发——最常见的是斑马或羚羊身上的毛，将巢牢牢地系在树枝上，还用嘴将毛发缠成总是一个式样的结子作为记号。这样的鸟巢能承受在里面栖身的一对成年雀鸟和几只幼鸟的全部重量，任凭风吹雨打也不会脱落下来。

20世纪初，自然科学爱好者矣热恩·玛雷发现年轻的雀鸟在筑巢时并未仿效它们的年长伙伴。为了排除年轻雀鸟受训的可能，矣热恩从织布鸟巢取走几粒卵，把它们偷偷地放到他家哺养的金丝雀的巢里去孵化。当雏鸟破壳而出逐渐长大后，又把它们转移到另一个特定的地方，让它们在那里结成“伴侣”，生儿育女，同时不让它们获得可供筑巢的任何合适材料，而是让它们直接把卵产在笼底。产下的卵又取走，再让金丝雀孵化……就这样反复试验，使得第四代的织布鸟不仅断绝了与前辈和自然界的联系，而且完全被人工所驯化。

现在，他在鸟笼里放进一小撮草，一些纤细树枝和纤维物。织布鸟就在笼里利用这些材料开始工作。很快，鸟儿就编好了悬挂在笼子里的巢，而且其式样与它们自由自在的上几代所营造的巢毫无二致。它们熟谙营造技术，这方面的知识绝不比它们的曾祖、高祖逊色。它们也懂得用松软但不够结实的马的毛垫在笼子底部，而决不会将它错织到巢壁上。如材料有剩，它们就会用剩料来加固巢与笼上树条的连接，用它扎成带“商标”的特别的结子。

玛雷得出结论：鸟的筑巢本领是遗传的。

如今我们都知道，唯一担当传递信息给新一代的任务的是带有能把基因记录译成密码的脱氧核糖核酸链。但是要实现筑巢活动，必须具备先有巢型的密码的记录，然后再把这些密码读出，最后通过鸟嘴的运动实现。拿车床加工零件与鸟筑巢做比较：自动化数控车床加工完全一模一样的金属断面所遇到的问题，远不及织布鸟筑巢所面临的复杂。织布鸟筑巢每一次碰上的情况都不一样。拿材料来说就有木料的、树枝的和其他东西，而且工作会因各种问题而中断，另外还须经常对被损坏的建筑物进行维修。这里用遗传传递指令的观点来解释是行不通的。

对此，波兰学者玛切尔·库齐内金提出他的见解：可能存在某种无所不有并且与生物体产生固有谐振的脆弱、细微、概念性的行为和外在的参照物。

2. 蜘蛛织网

分析蜘蛛织网活动，同样可以得出这样的结论。绝大多数年幼的蜘蛛在破壳之后不大与它们的双亲接触，可以说它们都不认得自己的父母。而且它们总是尽可能回避父母，以免成为其腹中之物。它们孤独地成长，没有任何榜样可供参考，而到了一定年龄它们照样懂得如何织网，尽管它们一次织网也没见过。与鸟不同，蜘蛛还不能通过视线把握自己的作品，其难度不难想象。但是它们依然很快织出自古以来就有的同样的网。

蜘蛛着手时，先将一根丝固定在一棵树上，然后把另一端牵到邻近的树上，使之处于同一高度。这根丝较粗，能经受它整个体重。之后，再从这根丝的中点拉一根丝固定在地面，形成字母“Y”的形状。其结点为网的中心。接着蜘蛛以中心为基准，沿着一个不变的角度顺时针逐步展开，形成一个螺旋网。蜘蛛还可以根据俘获物的特点织出不同花样的网。其操作程序相当规范。为了拉好网的“Y”形支架，蜘蛛必须进行一系列的测定：角度、距离、不同粗细的丝线的拉力……

研究人员认为，要解释这种现象，只能承认内在因素的存在，因为蜘蛛所处的周围环境没有任何可供参考的蜘网样本。这就意味着在蜘蛛身上存在着网的整体构思，网的形态和不同工作阶段的施工方案，并且有一种操纵进程的因素负责正在进行或将要进行的工作。但是这个操作“软件”不可能存在卵里。苍头燕雀筑巢的例子就证明了鸟的基因断不能承担这种代代相传信息的角色。你得承认有一种非物质的形态的存在，它与所有生物的神经产生“谐振”，并控制生物的行为。遗憾的是，众多的生物学家依然抱着在卵中寻找蜘网标本的希望不放。

3. 变形虫垒塔

变形虫也叫阿米巴，是一种肉眼几乎看不见的单细胞原生物，其直径最大不超过0.6厘米。变形虫能在脑浆中伸出借以向各方向运动的伪足。此行为学术上称之为“阿米巴运动”，是动物运动的最原始形态。变形虫常在水底和潮湿的森林土壤上爬行。它们吞食细菌，每三四小时进食一次。别看它只有单细胞，它能做出人类——这个经过10亿年多细胞组织的缓慢进化和400万年同样缓慢的演变形成大脑的物种——才能做到的事。

如果出现食物匮乏，挨饿的变形虫便开始发出一种化学信号，告诉同类，让它们到某个中心地点集合。不用多长时间，4至6万个单细胞便围聚在一起，形成一个团队，该整体被命名为“各列克斯”，形如一头脱壳的蜗牛，并以每小时一厘米的速度继续转移，而令人费解的事发生了。

这些变形虫能记住它们各自抵达集合地点的先后顺序，尽管没有记忆器官。首批到达的总是走在队伍的前头，带领大队人马前进。如果把它们调到队尾，它们会迅速重返队头。在寻找的路上，要是一无所获，它们就会改变原先的主意，一起营建一个酷似高塔上球体的建筑物。

这是一项伟大的工程，需要明确的分工和专业水平。但你看不到谁在发号施令指挥整个工程的进度。变形虫既无触觉，也无语言，更无思想意识，它们不可能意识到各自所处的空间位置。但变形虫仿佛具有这些能力：那些迟到者会用它们的“躯体”筑成盘状基座，在基座架高的根茎则是由首先到达者构成的，最后一批前来报到的变形虫便沿着根茎攀登而上，在上方共同形成突出球囊。还有一部分变形虫就像搭乘马车的乘客一个个钻进球体内部，在那里它们开始改变形状，形成胞囊。接着瑟缩体积，脱出水分，并分泌一层包膜作为保护性外膜，中止自身新陈代谢，最后变成一丁点大的“种子”。那些以“血肉之躯”筑成球状结构的变形虫注定要把自己推向死亡，它们会因缺乏食料而很快死去。而钻进球囊内部形成“种子”的变形虫过一段时间后，会因球囊破裂散落下来。假如一阵风吹过，它们又可获得降落在潮湿土地的机会，重新复活过来，重新摄食、分解、围成团队……

现在让我们从人的眼光来观察它们的营建活动：打个比方，某地有一万人手持五颜六色的帽子沿着操场奔跑，他们正在举行某项庆祝活动。突然他们停下脚步，迅速往头上戴上花帽。此时由各种不同颜色组成一幅精确的肖像画奇异地展现在观众面前。谁能说这是人的本能？很显然，事前有人就拟好一个图案表演计划，再把肖像切割成一万个不同颜色的点，然后将一个个青年男女定位，最后让他们准备接受时间、地点、帽子色调的指令。这里关键在于指令的密码和传递方式，每个参加者应记住指令，并且按指令做出行为反应。

那么变形虫呢？它们可不懂得什么信息学、控制论以及管理理论。严格地说，在没有总体计划、指挥中心、建筑图纸的条件下，“建设”是不可能的。人类如此，自然界的其他动物也是如此。变形虫身上压根儿就没有目标和相互配合的意图存在，那么是什么东西在指挥它们的行动？连脑体都没有的变形虫靠什么接收指挥的信号？于是又使人想到了基因。

理论上讲，变形虫的基因可以记录必要的信息。与其他动物一样，它的脱氧核糖核酸是一条很长的链子，为了把基因密码译出，变为动作，又要让每个抵达集合地点的变形虫能接收到信号并据此确立自在“建筑物”的位置，必须有人或者什么东西事前拥有这些信号，并能在同一时刻操纵6万个虫的行动。那些后来踩在同胞身上攀登而上的变形虫还得能参照三维空间坐标的原点确定它们的方位，以便知道该不该继续上爬或向左、右移动。

变形虫怎么能做到这一切呢？在它的身上没有距离测量器官，也无法将不断变化的情况同计划进行比较分析。玛切尔·库齐内金认为原因不在内部而在外部，是一个外在因素影响到“全体人员”，在那里存储着控制每个个体行动的计划草案，决定数万个单细胞的分工，根据未来球囊的直径和重量决定每个底座的直径和圆柱的高度。我们目前所知道的物理学接纳不了这些问题。任何一种物理场——磁场、重力场、电力场，都存储不了复杂的不断变化的规划或形态，同样确定不了生物随机应变的行为的程序设计。所以有理由假设，所谓“本能”是属于另一个空间的东西。它存在于整个宇宙里，对所有变形虫起作用。这是一种非物质的东西，但生物却很“容易读”它发出的指令，并依指令行事。

鸟类中的“女尊男卑”现象

鸟类世界中的占90%以上的绝大多数种类的婚配都是“一夫一妻”制，也有大约2%的种类过着“一夫多妻”制的父系群聚生活，但还有0.4%左右的种类为罕见的“一妻多夫”制。在一雌多雄制鸟类中，性选择主要是对雌鸟起作用，而不是对雄鸟，因为在这些鸟类中生殖成功率主要决定于雌鸟，而性选择则有利于提高雌鸟的竞争能力。

红颈瓣蹼鹬是“一妻多夫”制的典型代表，它是一种小型海洋性水禽，体长只有18—19厘米，以水生昆虫等为食。它在北极地区繁殖，越冬在热带地区，春秋迁徙季节途径我国境内。它的体形秀美，嘴细而尖，呈黑色。脚也是黑色，脚趾上具有像花瓣一样的蹼。由于种群内部的性选择主要是对雌鸟起作用，所以表现雌雄外形差异的性二型分化也恰好同大多数鸟类相反：它的雌鸟不但身躯长得比雄鸟高大强壮，羽色也比雄鸟美丽多彩，尤其是到了繁殖季节。这时雌鸟虽然身体的羽毛仍然以灰黑色为主，但眼上出现了一小块白色的斑块，背、肩部有4条明显的橙黄色纵带，前颈呈鲜艳的栗红色，并向两侧往上一直延伸到眼后，形成一条漂亮的栗红色环带。雄鸟的羽色虽然看上去同雌鸟类似，但颜色却十分平淡。

繁殖期的求偶炫耀行为也是由雌鸟主动表露，表现得特别兴奋，围着雄鸟转来转去，并做出各种炫耀姿态，尽力讨得雄鸟的欢心。如果此时有其他雌鸟闯入，它们之间便没有了往日的和气、温顺和羞涩，常常为争夺雄鸟挥动“粉拳”大打出手，上演一场“抢新郎”的闹剧。而那些雄鸟们完全没有一点点“男子汉”的气概，只是悄悄地站在一旁看热闹。雌鸟们的决斗经常斗得天昏地暗，难解难分，直到失败的一方狼狈逃窜之后，获胜的雌鸟才昂首挺胸，带领着争抢到的“丈夫”们在其早已占领的地盘内筑巢安家，欢度蜜月。在筑巢的时候，作为“新郎”的雄鸟们不停地为巢中衔回草根、草叶，十分辛苦。而“新娘”却一反求婚时的讨好姿态，躲在一边袖手旁观。等到产卵之后，雌鸟更是不辞而别，抛夫弃子，另择新婿去了。只留下雄鸟老老实实地趴在巢中，承担起全部孵卵、育雏的重任。因此，对于红颈瓣蹼鹬来说，传统的“雌雄”的地位和观念完全被“颠倒”了，它们不仅是“一妻多夫”，而且是“女尊男卑”，雌鸟在种群中以完全主宰的面目出现，具有压倒优势的地位，拥有许多“男妃”，过着“女王”一样的生活。

由于红颈瓣蹼鹬的卵经常会由于捕食和气候反常而遭受很大损失，雌鸟都具有较强的迅速产出第二窝补偿卵的能力，来与这种环境特点相适应，当然这些卵仍然需要雄鸟来看护和孵育，这种以雌鸟为主的繁殖特征很有点“母系社会”的味道。由于雄鸟承担全部抚育后代的工作，雌鸟则从繁重的孵卵、育雏工作中“解放”出来，专职产卵，客观上就增加了产卵量，从而可以多留一些后代。这是长期的进化过程中所发展起来的一种对捕食者掠夺卵和幼雏的适应。表面上雌鸟似乎是个“狠心无情”“喜新厌旧”的“坏女人”，实际上则对整个种族的发展有很大的贡献。

植物的精彩交流

当面临饥饿的食草虫的进攻时，植物不只是被动地等待。许多受伤害的植物都会发出一种化学求救信号。一个研究小组的科学家们用事实证明，当植物受到侵害时，它会向邻居们发出一种化学信号，相邻的植物一接到“蝗虫入侵”信号就会立即启动它们的防御系统。

在一些情况下，这种求救信号会吸引对受伤植物有帮助的昆虫。比如说，当一种毛毛虫在吃一种植物时，这种植物就会发出一种可吸引黄蜂的求救信号，让黄蜂来杀死毛毛虫。

为了研究植物是如何相互交流的，美国加州大学的昆虫学家Richard Karban和他的同事们研究了在犹他州和亚利桑那州一排排间隔生长的野生烟草和鼠尾草。为了模仿被昆虫侵害的情形，研究人员们剪掉了部分鼠尾草的叶子。这时，鼠尾草发出了一种被称为jasmonate甲基的挥发性物质。当研究人员检查顺风方向的烟草叶时，发现烟草立即建立了它们的防卫。几分钟内，烟草体内的一种名为ppo的酶增加了4倍，这种酶可使烟草的叶子产生让食草虫难以咽下的味道。与那种靠近没有受伤害的鼠尾草相比，与受伤害的鼠草相邻的烟草叶遭受食草虫和毛毛虫侵害的程度要少60%。

荷兰Wageningen大学的生态学家Marcel Dicke说，这是植物间交流的“最精彩的例子”。但他同时也提醒说，鼠尾草不会为了不相干邻居的利益而发出jasmonate甲基。他猜测，这一信号可能的目标是吸引能吃掉食草虫的食肉虫。

鸟类趣事集锦

鸵鸟下的蛋最大，约两千克，相当于它自身重量的1%。但是从蛋的大小与母鸟体重的比例来看，一种产于大洋洲的不会飞的平胸类无翼鸟则保持着记录，其蛋重达380克，相当于自重的25%。

鸸鹋类，一种产于大洋洲的鸟，由雄鸟独自负责孵化卵，还要带雏鸟散步。雌鸟则担负起保卫领地的重任，对擅自闯入者非常凶猛。

海中仙女燕欧能把它唯一的蛋稳稳地产在一根横枝上。

棕榈雨燕把羽毛粘在一片竖立的叶子上做巢，巢形像只半边高脚酒杯。它们在巢中下一只蛋，然后轮流着孵蛋。这些鸟天生一副钩爪，可以稳稳当当地抓着巢壁，即使刮风也不怕。

非洲小鹦鹉夫妇相亲相爱，从不分离。如果其中一只死了，另一只最多只活三天，便会随先逝者而去。

燕子一天可飞行数百千米觅食喂养小燕子，雨燕甚至可日飞上千千米。蓝山雀一小时可往返四十千米，因此飞行的时速可达一百千米。

秋沙鸭是一种候鸟，在树洞里诞生。鸟儿出壳后，在洞中生活两三天，待到树洞口，向下面扑去。它们的妈妈在下面等着，把它们引到水中。如果遇到阻碍，母亲就把孩子背在背上。

喝一口海水相当于吞下1000种微生物

近日，一个国际海洋生物学家小组在全球多个海洋研究点采样调查和分析后惊讶地发现，生活在地球海洋中的微生物种类比人类目前估计的数量多100倍，达到上千万种。这也就意味着，如果一名泳者不小心吞下了一口海水，他同时也会吞下1000种微生物。此前只有约5000种海洋微生物为人类所知，但事实上，生活在海洋里的细菌种类高达500—1000万。

据介绍，海洋微生物是地球最早生命形态的后代，如果没有它们，海洋里甚至陆地上的所有生物都不可能发展到现在，因此科学家迫切地希望对这些生物了解更多。

研究人员使用一种DNA技术分析海水样本，这种基因分辨技术能够在很短的时间内从一杯海水中分辨出数千种微生物种类。

美国马萨诸塞州海洋生物实验室的索金及同事的研究工作是为“国际海洋微生物普查”实施的。“国际海洋微生物普查”是一个于2000年启动的研究项目的组成部分，参加该项目的有70多个国家的研究人员，对海洋生物多样性进行共同研究。他们从四大洋各个水段提取一升海水样本，用于分析其微生物种类。尽管有几种微生物数量在样本中占有绝对优势，但稀有微生物种类也为数众多。索金认为，这相当于一个罕见的生物圈。他说，随着全球气候不断变化，当前常见的微生物数量也许会骤减，而如今较为罕见的微生物则有可能越来越普遍，这就如同明星忽患重病，配角登上舞台扮演主要角色是一个道理。

生命中的“质数现象”

1634年在美国田纳西地区爆发了一件令人恐怖的事件，大量的蝉仿佛一夜之间从地下冒出，每公顷的密度高达数千万只，的确令人惊恐。几星期后蝉又突然销声匿迹，也没有造成大的经济损失。17年后这一现象再次出现，直到1991年蝉大量冒出地面的现象一共出现了22次，而且周期非常准确为17年.

科学家观察发现，蝉卵孵化以后幼虫生活在地下，以植物根茎的汁液为食。然后在长达几年的某一特定周期后钻出地面并爬上树干，在此后的短短数天它们完成产卵的使命后就结束一生。有关统计数据表明蝉的生命周期几乎为质数。科学家发现在北美洲北部地区其周期为17年，而在北美洲南部地区为13年。为什么是13年或17年而不是其他数字呢?

达尔文的进化论对这个问题给了合理的解释。由于激烈的生存斗争，捕食蝉的天敌众多，其天敌群的盛衰也存在着周期现象。蝉在进化的过程中选择质数为生命周期，可以大大降低与众多天敌在繁盛时期遭遇的概率。比如说如果它的生命周期为12年。则很可能与那些盛衰周期为1年、2年、3年、4年、6年及12年的天敌在繁盛时期遭遇而使种群生存受到威胁。经过长期的自然选择生命周期为合数的种群多数被淘汰，生命周期为质数的种群由于适应环境而生存下来繁衍壮大。这种运用分解质因数的原理解释蝉的生命周期的现象，目前还只能是猜想。

德国的马克斯·普朗克协会分子生理学研究所与智利大学的科学家们构建了一个“猎人–猎物”的数学模型。科学家将蝉比作“猎物”，将其天敌比作“猎人”，用数论证明蝉选择质数作为生命周期可以稳定地保持种群数量，科学家解释说他们的模型不仅从顺序推理即考虑自然界各种生物关系的情况下，按照时空发展的顺序得到了质数生存周期优先出现的结论，而且通过逆向推理即根据自然红见状回溯推算循环初期的状况，也得到了产生质数周期的结论这一工作的贡献是在生物学与数论之间构筑了一座“桥梁”。

在孟德尔提出遗传规律时也曾遭遇到无法解释的困惑。按照他的理论通过简单的数学计算将得出在自然种群中隐性个体会逐渐减少即出现表现型比例一边倒的现象。就在这一理论遭到质疑的时候，数学家哈代等人建立了数学模型，对其定律进行修正和论证，得到了遗传不会影响基因频率的结论，使孟德尔克服了数学计算的困惑。

科学发展时至今日已经出现多学科交叉融合、相互补充的趋势，科学家通过教论计算蝉的“天命”，从数学的角度为进化论提供佐证就是这种趋势的反映。

动物怎样辨认方向

动物是否真的能利用地球磁力航行。这一直是个有争议的问题。如今研究人员认为，飞鸟、鱼、昆虫甚至病毒都能感受到磁场，但动物是怎样感知磁场的却仍然是个谜。

研究人员逐渐发现，光线可能是动物感知磁场的重要因素。美国纽约州立大学的科学家观察到，麻雀是利用极光来校正其磁场指南针，而德国法兰克福大学的研究人员则发现，一些鸟类是利用光线感知磁场。由于磁场与地轴不一致。因此动物不必调整其内部定向器与方向一致就可航行，如果它们调整磁场为指南的话。而且一些鸟类则是依靠星宿来定向。

纽约大学的研究人员用63只年幼麻雀做试验两个月，不让它们看见门外和窗外，观察其如何定方向。然后把麻雀分成两组，其中一组使其偏离磁场90°，这种有意偏离方向是为了要让这组麻雀飞错方向。然后让每组麻雀的一半看见正常的天空，而另一半通过去磁滤光镜看见天空。此后在室内放飞这些麻雀。那些看见过正常天空且转移磁场90°的麻雀竟以此向南转向90°；但是，那些通过去磁滤光镜看天空而又转向90°的麻雀就只是沿着正转向的方向飞行。这说明麻雀是用极光而不是用太阳的位置确定方向。

法兰克福大学的研究人员用22只麻雀，一种在澳大利亚塔斯玛尼亚岛和澳大利亚大陆之间迁徙的鸟做试验。他们把每只鸟放在一个很大的有天窗的鸟笼内，然后替换着给予白、蓝和绿光时，鸟儿就会从北向东北方向转移方向。

但是如果给予鸟儿红光时，它们就迷失方向，无所适从。

传统理论认为，光线可以激活眼睛色素细胞中的电子，如视紫红质。这可导致一系列能量转换，直到神经细胞将能量信息传递给大脑。根据这一理论，动物的磁力感位也是一种能量转移，将依赖相对于地磁场的位置而变化。

因此，当鸟儿看见地平线时，其眼睛的感知就与地球磁场一致从而发现亮点和暗处，辨别方向。银雀的例子就是例证。因为视紫红质对红光不起反应，因此这种长波（红光）不能激活磁感受器，也就不能为鸟儿提供方向指南。而且新的研究表明，果蝇也有类似的辨认方向的机能。

但是另一些研究人员认为红光也能影响银雀的辨向而无须磁感受器。因此上述理论恐怕还有待于深入的研究来证实。

猩猩为何永远只是猩猩？人的智慧从哪里来？

一种独特基因被认为是导致人类产生认知能力的关键

人的智慧从哪里来？这是未解之谜。

科学家发现了基因树杈上的一个分点。这个点代表了一个关键的基因，它的学名叫垂体腺苷环化酶激活肽（PACAP）前体基因在四分五裂最终形成如万花筒般大千世界的基因树上，这个点出现在人和近亲黑猩猩分化的瞬间。通过试验科学家发现，分化之后，这个奇怪的基因，只在人脑中得到充分发展与进化，而在黑猩猩的脑袋里这个基因却“消失”了。

为什么人能够成为人，而猩猩永远只是猩猩？作为近亲，是什么让人更加有智慧，并且具有远远超越黑猩猩的创造力和认知能力？

当发现了这个基因之后，科学家开始了一个大胆的设想：在人和猩猩分化之后，垂体腺苷环化酶激活肽前体基因在人脑中快速发展，而在黑猩猩脑袋里那里却停滞不前。也许，“垂体腺苷环化酶激活肽前体基因正是导致人类具有智慧的关键因素。”

这个课题是“人类智慧起源的分子基础”。科学家认为这一发现有助于帮助我们揭开人类智慧起源之谜。

这项研究成果受到了国际科学界的重视。美国伊利诺伊州芝加哥大学的遗传学家Bruce Lahn认为，PACAP前体在人类和黑猩猩之间的差异是“非常令人关注的”。他表示，“这项研究在促成人类大脑进化的候选基因名单上又增添了一个新的成员”。

人的智慧从哪里来？这是一个古老的话题。过去我们常说“劳动创造了人，使人变得聪明”。但是，驱动这一切成为可能的智慧“原力”又是来自哪里？正是基因研究的深入，让科学家们相信：某些基因在人类进化过程中发挥的作用更具决定力。

基因差异导致人类与黑猩猩分离

之所以选择黑猩猩作为这项研究的对象，当然是因为黑猩猩足够聪明。对黑猩猩的大脑基因进行研究，通过分析比较大脑发育基因的差异，将有助于解释从黑猩猩到人在认知能力上的飞跃。

黑猩猩被当成是人类的近亲，就连“猩猩是否应该算人类”的话题，也曾经在科学界引起过激烈讨论。

2003年，美国韦恩州立大学科学家古德曼及同事提出一个令人喷饭的建议：应当将黑猩猩归入人属。这一建议提出的背景是：古德曼等人选取人、黑猩猩、大猩猩、猩猩、旧大陆猴和鼠为研究对象，比较了这6个物种在97个功能基因上的差异程度。分析结果发现，在编码功能基因的DNA序列方面，黑猩猩与人的相同之处可达99.4%，最为接近。

这一建议立即在科学界引起争论。如美国加利福尼亚理工学院科学家布里滕的研究显示：黑猩猩与人类遗传信息上的差异可能达到5%，高于科学家普遍认为的1.5%，因此古德曼等的建议争议很大。而近几年，一项由上海科学家参与的全球研究在破译了黑猩猩的第22号染色体后推断，黑猩猩在进化过程中比人类丢失了更多的DNA片段，这可能是造成两者诸多差别的重要原因。这也被看成是人类和黑猩猩拥有同样的祖先，但黑猩猩最终未能进化为人类的原因所在。

虽然只在基因水平上很难对一个人和一只黑猩猩做出判断，但是在对两者的大脑和行为进行对比后，就会发现这种差别是显而易见的。科学家们认为，一定有一种与大脑发育有关的重要基因的进化可以有助于解释这一区别。

进化树上的神秘基因

在实验中科学家发现，当人类与黑猩猩在进化树上“分道扬镳”后，PACAP的前体基因在人类的“家系”中以一种反常的速度进行着演化。

在演化过程中PACAP前体完成了大量工作：它至少曾经编码了多种不同蛋白质。在人体内，一个能够生成PACAP38蛋白质的基因区域与此有着密切的关系。科学家推测，这种蛋白质在神经细胞的传递中扮演了不同的角色，并且对于小脑的正常发育和影响脑细胞的转移起到了关键作用。

特别值得一提的是：另一个名为“未知领域”（UD）的基因序列还显示：该基因曾经在人类的进化过程中发生了极为迅

速的变化——其速度大约是UD基因在其他哺乳动物体内演化速度的7倍——基因序列还显示，UD基因曾经在进化过程中得到了优先选择。

“这就是达尔文正选择。”达尔文正选择是生物学名词。简单地说就是有利的被选择，不利或致死的被淘汰。

科学家推测，这个基因的变化，肯定是因为在人脑中发生了适应性的变化，极有可能和人类智慧起源有着密切的关系。

由此他们预测：“可能在人的神经里，产生了新的多肽，和一般的黑猩猩已经明显不同，这是一种有活性的新的神经肽，而在非人类的灵长类动物中并没有。”

“我们认为，垂体腺苷环化酶激活肽（PACAP）前体基因这个基因与人类智慧起源有着密切的关系。”“它的出现究竟产生了怎样的作用，这个基因的独特功能以及体制，将是我们下一步要继续深入的工作内容。”

基因让黑猩猩不如人聪明

人和猿的分化是在500万年前，黑猩猩是和人最接近的动物。在此前的基因研究中，科学家们倾向认为，人与猩猩的“差别”不大，只有大约2%的差异。但是，正是这2%的基因差异使得人与猩猩的智能、行为、心理和生理变得差之毫厘，失之千里。

但是，从神经语言学、神经心理学等高级神经活动和心理活动来看，人与猩猩和猴子的差距并不是有好几个数量级的差异，而可能是人类的婴儿与成年的差别。有几个事实可以说明问题。

据美国和法国科学研究小组的研究发现，给婴儿和成年猴子讲日语和荷兰语，两者都不懂词的意义，但两者都能区分它们是日语还是荷兰语。研究人员还不能确定是不是靠提示才使得婴儿和猴子区分这两种语言，只是在倒着说日语和荷兰语时，猴子和婴儿都不能区分这两种语言，这表明它们的神经在处理语言的输入方面确实有相同的机理。这个事实也说明，婴儿的语言能力与成年猴子的能力在某些方面差不多，据此可推论猴子的智力在某些方面可能相当于婴儿。因为语音处理并不是人类所特有的能力，而是所有灵长类动物的能力。而且收听节奏等语言特征的能力可能是来源于同一灵长类的进化历史。从猩猩和猴的许多行为与智能可以推知人类的童年。

基因研究发现，人和黑猩猩共同的祖先可能拥有比两者都更长的染色体，人之所以比黑猩猩聪明，是因为两者分化后黑猩猩比人缺失了更多的DNA片段：黑猩猩第22号染色体和其对应的人第21号染色体之间，单个碱基差异为1.44%，明显高于以往的报道；DNA片段的插入和缺失达68000个，导致人的第21号染色体要比黑猩猩的第22号染色体长400kb。这些数据将来可用作解释人类和其他动物的区别。

231个表达基因中，83%的基因表达蛋白质有氨基酸系列的变化，有21个基因在人和黑猩猩的脑和肝脏的表达上有1.5~10倍的明显差异，这差异可能与两者对某些疾病的易感性相关。

海龟识途之谜得解

印度洋里的绿龟大约每四年都要跋涉数百千米回到相同的海滩产卵。法国研究人员最近发现了海龟具有这种奇妙识途本领的原因，并证实海龟可以依靠地球磁场定位。

研究人员首先捕获一批处于产卵周期初期的海龟，然后把它们送到数百千米远的海域放归大海，再通过卫星定位跟踪这些海龟返回的全过程。结果发现，海龟的“导航系统”如同一个指南针，无论海龟从什么地方出发，“导航系统”总是指向其产卵地的方向。不过，海龟只能依靠自己的“指南针”辨别方位，而没有抄近路的本领，如果遇到不利的洋流，一个离产卵地几百公千米远的海龟也许要绕道几千千米才能回到产卵海滩。研究人员因此推断，海龟的“导航系统”非常精确，但也相当简单。

在研究地球磁场对海龟定位能力的影响时，研究人员在海龟的头顶上放置了一个强磁铁，以扰乱地球磁场的作用。结果发现，海龟的定位能力明显减弱，但它们最终还是可以回到自己认定的海滩。研究人员由此推论，利用地球磁场是海龟辨别方位的一个重要手段，但不是唯一办法。他们分析认为，与信鸽和某些海鸟一样，海龟可能也具有依靠气味辨别方向的能力，但这还是一个需要进一步论证的假设。研究人员表示，对海龟的研究成果有助于更有效地保护濒危海龟。

盘点动物世界大“寿星”

行动迟缓的老弱猎物。与其他同类相比，生活条件优越的宠物以及动物园里的动物更有可能获得长寿。以下列举的是动物世界的老寿星，包括最长寿的猫、狗、鱼、蜘蛛在内的动物纷纷榜上有名。

1. 最长寿龟255岁

生活在加拉帕哥斯群岛、塞舌尔群岛、爪哇岛、印度尼西亚弗洛勒斯岛以及其他岛屿的巨型陆龟是最著名的长寿动物。这些行动迟缓但雄伟异常的动物在大陆上一度较为普遍，然而现在，它们只有在哺乳动物极少的岛屿上才能存活至今。

当前的最长寿巨型陆龟保持者是一只名叫“阿德维塔”（Adwaita），体重550磅（约合250千克）的雄性阿尔达布拉巨型陆龟，最初作为礼物送给克莱夫勋爵（生于1725年，死于1774年）。英国水手曾在马达加斯加附近的塞舌尔群岛捕获阿德维塔以及其他3只陆龟。

据估计，阿德维塔出生于1750年左右。从1875年到2006年3月23日去世，它一直生活在印度加尔各答的阿里珀莱动物园。随后对阿德维塔龟壳进行的碳年代测定结果证实，这只巨型陆龟的寿命达到255岁左右。

“尊重并善待老人”，这句古老的训言既适用于人类，也适用于动物。借助于越发先进的现代医疗技术，所有物种的老寿星数量都不断增加。也就是说，本文列举的这些长寿纪录早晚会被打破。而这也正是我们希望看到的。

2. 最长寿鲤鱼226岁

在与一条鱼的长寿较量中，大象、猫、狗、鸟类以及马纷纷败下阵来，这个老寿星的年龄达到几乎令人无法相信的程度。你可能认为它是一条鲨鱼、鲟鱼或者巨型鲶鱼，但真正的答案却是一条鲤鱼。鲤鱼是金鱼的近亲，尤以生活在日本寺庙鱼塘内的鲤鱼名气最大。其中的一位居民名叫“花子”（Hanako），寿命达到令人吃惊的226岁。花子生于1751年，死于1977年7月17日。

科学家找到了不可辩驳的证据，证明花子确实如此长寿。与树一样，鱼的鳞片上也长有年轮。花子死后，科学家对它的鳞片进行了仔细检查，最终证实寺庙保存记录的真实性，即这条非比寻常的鲤鱼确实见证了226年的地质、气候变化和人类历史的变迁。有一张照片拍摄于1966年，里面出现的鲤鱼便是令人不可思议的花子。花子生存的年代发生了一系列大事，其中包括美国前总统詹姆斯·麦迪逊降生，马里兰州乔治城建立以及金属镍被发现并加以描述。

3. 最长寿鸟77岁

鸟类的寿命通常可达到60岁以上，包括鹦鹉、秃鹰、信天翁以及鹰在内的一些鸟甚至有可能活到100多岁。在美国伊利诺伊州库克郡森林保护区刊登的长寿榜单中，一只土耳其兀鹰凭借118岁高居榜首，但并没有确凿的信息能够证明这一点。对于鸟类的长寿，我们不应该太过惊讶，因为它们毕竟是海龟、陆龟等长寿爬行动物的近亲。

1933年，当时只有一岁大的米契尔少校凤头鹦鹉"Cookie"在芝加哥的布鲁克菲尔德动物园安家落户。它是公认的世界上最长寿的活鸟，现在已经77岁高龄。由于公开亮相让Cookie太过劳累，现在的它已经处于"半退休"状态。2007年，Cookie被确诊患上骨关节炎和骨质疏松症，这可能是最初的40年只被喂食各种籽的结果。绝大多数米契尔少校凤头鹦鹉圈养下的寿命在40岁至60岁之间，Cookie如此长寿算得上一个奇迹。

4. 最长寿马62岁

马无疑是幸运的，它们饮食条件优越并且可以和同伴生活在一起，寿命能够达到数十年。绝大多数马的寿命在20岁至25岁之间，鉴于参加肯塔基州德比马赛等大型赛马比赛的绝大多数良种马只有3岁，20多年也算是一段很长的时间。

"老比利"（Old Billy）是已得到证实的最长寿的马。它出生于1760年，整整活了62岁。"老比利"的早年经历较为艰苦，充当负责拖拽货船的驳马，英国的很多内陆运河都曾留下它的足迹。早年的辛苦劳作并没有影响“老比利”的寿命，62岁才寿终正寝令所有人吃惊不已。

5. 最长寿金鱼43岁

北极熊（长寿纪录为42岁）和金鱼相比，谁的寿命更长一些呢？很多人一定会选择北极熊，但真正的答案却是金鱼。有报告称，金鱼可以活到40多岁。在主人的孩子将它们带回家之后，很多金鱼都可以陪着主人慢慢变老直至死去。为了尽可能延长金鱼的寿命，主人需要为它们准备更大的鱼缸而不是普普通通的小鱼缸，在饮食方面也要花样众多，不能太过单调。

退休生活也被人们称之为“金色年华”，但在步入金色年华时，我们的头发却变成银色，这似乎有些不公平，同时也有点讽刺意味。金鱼也是如此，步入老年时鳞片也会变成银色。根据英国广播公司（BBC）的报道，一条名为“Tish”的彗星金鱼在鱼缸中安静地死去，享年43岁。1956年，Tish成为英国约克郡汉德家的成员，它是被7岁大的彼得·汉德从当地一家游乐场赢回来的。

6. 最长寿猫38岁

猫狗大战向来难分高下，但在比拼寿命的较量中，猫却要高出一筹。这可能要归功于它们更悠然自得的习性或者应对家养生活的方式。猫可以轻松活到30多岁，一些未经证实的报告甚至指出它们可以活到40多岁。

根据2007年的《吉尼斯世界纪录大全》，最长寿猫头衔被“Creme Puff”摘得。这只母斑猫出生于1967年8月3日，死于

2005年8月6日，享年38岁零3天。虽然英国的长寿猫报告层出不穷，但Creme Puff并非出自英国，它与主人杰克·佩里一家共同生活在美国得克萨斯州的奥斯汀。

7. 最长寿狗29岁

澳大利亚牧牛犬“布鲁尼”（Bluey）是有记录可查的最长寿的狗。它出生于1910年6月，死于1939年11月14日。布鲁尼本可以活得更长一些，但由于饱受不明慢性病折磨，不忍心看它受苦的主人最后决定提前将它送上天堂。绝大多数牧牛犬的寿命在12年至15年之间，并素以在农场努力工作而著称。去世时，布鲁尼享年29岁零5个月，相当于人类的206岁左右。

可能令人感到吃惊的是，过去70年里，没有一条狗能够打破布鲁尼的长寿纪录。继布鲁尼之后最长寿的狗，分别是29岁的“贝拉”，21岁零114天的“香奈尔”以及20岁零334天的“奥托”。

8. 最长寿蜘蛛28岁

昆虫是动物王国的短命鬼，在步入成年阶段之后，一些昆虫只能活一天左右。蜘蛛并不是昆虫，但作为节肢动物，它们拥有很多与昆虫一样的特征。令人感到吃惊的是，蜘蛛家族的一位神奇成员也是一个老寿星，如此长命定会让很多无法容忍这种多毛小动物的人感到沮丧。

普通蜘蛛活几周、几个月甚至更长时间都是绝大多数人可以想象的，但整整28年呢？1935年在墨西哥捕获的一只雌鸟蛛最终让这种看似不可能的事情成为现实。雌鸟蛛的长寿可能要归功于它以鸟类为食的饮食习惯。

9. 最长寿兔子接近19岁

家兔协会表示，养在室内的兔子寿命在6岁到8岁之间，养在室外笼子里的兔子寿命则往往更短，这可能与环境因素有关。然而，很多大名鼎鼎的兔子都活到了14岁以上。迄今为止最长寿的兔子是一只1964年8月6日在澳大利亚塔斯马尼亚州捕获的野兔。这个老寿星后来被取名“佛罗普塞”（Flopsy）并成为一个宠物。被捕获之后，佛罗普塞又活了18年零10.75个月，实际年龄已非常接近19岁。

吉尼斯世界纪录有时会向最长寿的活兔颁发证书。只有到佛罗普塞寿终正寝那一天，这个最长寿纪录才会被更改，因为那时的佛罗普塞已经不是一只“活兔”。3位曾经的最长寿活兔纪录创造者，分别是14岁的“乔治”（George），15岁至16岁之间的“希瑟”（Heather）以及16岁的“黑兹尔”（Hazel）。

鸟翅第一趾是拇指还是食指？

鸟类翅膀三分叉鸟爪的最内侧那根，从进化论观点来看，更接近于拇指还是食指呢？长期以来，这一直是困扰生物学家的谜团。

近期发表在《自然》期刊网络版上一篇研究论文称，它可能两者兼具。

该研究发现，通常而言，鸟类身体中发育成第一个足趾的干细胞在胚胎发育的初期便已经死去，同时，发育出食指的干细胞不断成长，从而使得最终第一个足趾具备拇指和食指两者的性能及形状。

所有具有脊椎骨的四肢动物（脊椎动物），共同保留了原始的特点，即其四肢都有五个足趾。但是，这并没有阻碍进化出千百种多样性动物脚趾，这些脚踏具有抓、捕、爬行等功能。

人类及灵长类动物的手脚通常有五个手指和脚趾；鸟类的翅膀有三个足趾，脚的足趾数量不一，两个、三个或者四个；比如树懒则只有两个足趾；蛇没有足趾这一说；而熊猫有五个爪子一样的足趾，并且还附带着一个大脚趾，能够让它们在进食时更好地抓住竹子。

总之，演化进程中，一个特征的消失比增加更容易。

物种本身提供的证据矛盾重重，对于鸟类羽翼的三爪架构是指拇指、食指以及中指，还是食指、中指及无名指，人类在过去一个多世纪以来激烈辩论，一直无法获得一致的结论。

古生物学研究可以将鸟类追溯到两亿年前，当时兽脚恐龙遍布地球，这一证据更倾向于证明“一二三”假说（即大拇指-食指-中指）的正确性。但是对干细胞发展的研究结果则显示出“二三四”（食指-中指-无名指）假说更具有科学说服力。

此次研究，由耶鲁大学甘特·华格纳（Gunter Wagner）负责，以鸡为研究对象，采用基因表达谱的手段来解开基因密码之谜。

他们发现鸡翅膀和鸡脚第一个足趾的基因密码是一样的，但是鸡翅膀中，胚胎中发育成第一个足趾的位置通常是发育食指的。

“我们采用了一种转录组测序的方法，这种科学手段已经问世好几年，我们凑巧成为第一个将这种手段用在解决这一问题的研究团队。”

该研究同时还发现了另一个谜团：鸟类翅膀上的另两个消失的足趾，与鸟类脚上依然保存下来的两个足趾之间并不对应，或者缺乏同源性。

在生物学上，基于同样的祖先和发展起源的物种或者同一种生物体，一定具有同源性，而目前“我们希望能够发现鸟类是如何获得这种独特的特点的。”华格纳博士这样说道。

动物界最佳好爸爸

蟑螂虽然名声不好，但蟑螂爸爸却值得我们尊敬。在以木头碎屑为食的蟑螂种群，蟑螂夫妇会用碎屑建造巢穴，为幼虫寻找食物，这种行为在昆虫世界罕见。蟑螂爸爸甚至会吃鸟粪以获取氮，保证幼虫的营养。

海马是鱼类家族的一个另类，“怀孕”的工作由雄性完成。雌海马将卵产在雄海马体内一个特殊的育儿袋内，孕期在10到25天左右，体内的小宝宝多达2000个。

南美洲的狨猴也是一位好父亲，它们负责带孩子，给孩子喂食和梳理毛发，甚至还要在妻子生产时扮演“助产士”角色。狨猴爸爸这么卖力可能是心疼妻子，因为狨猴妈妈的生育成本很高，胎儿的体重占到妈妈体重的25%。

巨水蝽爸爸会将大约150个卵背在背上，直到小宝宝孵化。交配之后，雌水蝽便将卵产在伴侣背上，雄水蝽背部含有一种天然胶。在接下来的3周时间里，巨水蝽爸爸便要担负起保护宝宝的重任，还要时不时地将卵暴露在空气中，以防止真菌滋生。

对于绝大多数鸟类来说，照顾宝宝的工作通常由母亲完成，但南美鸵鸟是一个例外。雌性南美鸵鸟将卵产在伴侣建造的巢穴内，而后由雄南美鸵鸟负责孵卵，前后一共6周时间。小家伙出生后，它们还要担负起照顾孩子的重任。

叫蛙生活在美国西南部。在雌蛙将卵产在岩石下或者圆木下之后，雄蛙就要一直守候在卵身边，前后一共几周时间。如果卵出现缺水现象，它们会用尿液为卵补水。

帝企鹅是动物世界好爸爸的典范，它们要忍受零度以下的严寒，不吃不喝孵化小宝宝。帝企鹅妈妈产卵之后，帝企鹅爸爸便将卵放在自己的脚面上，然后用腹部的皮褶将它盖起来。

老鼠喜欢唱歌　利用超声波吸引异性

科学家发现，老鼠并不爱安静，它们天生喜欢唱歌。当一只公鼠遇到一个潜在的交配对象时，它会发出一系列复杂的叽叽喳喳和啭鸣声，听起来很像鸟鸣声。尽管这种超声波叫声的频率超出了人类听力范围，人耳根本听不到，但是母鼠可以通过公鼠的情歌为它们的后代挑选最合格的父亲。以前科学家就知道，老鼠能发出人类听不到的尖叫声。2005年，美国研究人员发现这些噪音由简单音调的不断重复组成，就如同鸟和鲸发出的声音。

从此以后研究人员开始进行大量研究，试图查明这些歌曲是老鼠天生就会，还是它们后天从母亲那里学来的。现在日本一个科研组已经找到答案。他们利用两种不同种类的实验鼠进行试验，两种老鼠的歌声截然不同。每种老鼠中的公鼠在断奶后都被放到另一个群体里喂养。

等这些老鼠长到10到20周时，研究人员录下它们的叫声进行分析。这项研究的领导者菊水丈史（Takefumi Kikusui）对《公共科学图书馆—综合》杂志说，分析结果显示，这些老鼠唱的歌跟它们的亲生父母一样，而不像它们的养父母，这说明老鼠的歌声是先天就会的，而非后天学习的。

动物世界六大“睡神”

很多人都存在睡眠问题，为了能够获得理想的睡眠，他们尝试过各种促进睡眠的方式。相比之下，很多动物就要幸运得多，它们每天有超过80%的时间在梦乡中度过，堪称动物世界的睡神。更有趣的是，包括长颈鹿在内的一些动物每天只需要睡几分钟，海豚和鲸鱼在出生后的第一个月更是在“睁眼”中度过。以下为您盘点的是动物世界的六大睡神，包括猫、枭猴、棕蝠和巨型犰狳在内的动物纷纷榜上有名。

1. 树袋熊

树袋熊又名“考拉”，是一种树栖动物，同时也是世界上最能睡的动物。这种动物只生活在澳大利亚，主要栖息在桉树上，每天的睡眠时间达到22个小时左右。清醒的时候，它们的大部分时间也用来吃东西，可谓是一个真正意义上的大懒虫。

虽然很多动物每天的睡眠时间都超过12个小时，但这并不意味着它们非常懒惰。实际上，它们在清醒时非常活跃。睡眠时，一些动物处于半睡半醒的状态，还有一些动物在休息时也时刻保持神志清醒。理想的睡眠是拥有健康体魄的关键，身体要借助睡眠进行“自我修复”。对于人类而言，确保获得理想睡眠非常重要。理想的睡眠能够帮助我们缓解疲劳和压力并消除忧虑情绪。

2. 棕蝠

棕蝠每天的睡眠时间长达惊人的20个小时，清醒的时间只有4个小时，一生之中大约有83%的时间在睡眠中度过。这种动物睡觉时呈大头朝下的姿势，只在夜间活动。由于缺少食物，它们会冬眠半年时间。除了棕蝠外，树懒每天的睡眠时间同样达到20个小时左右。

3. 巨型犰狳

巨型犰狳每天的睡眠时间在18—19个小时左右，它们在夜间最为活跃，一天的大部分时间都沉浸在梦乡中。科学家仍不清楚到底是什么原因导致这种动物如此嗜睡。可能的原因是，它们是一种独居动物。犰狳唯一想要的事情就是躲进洞里，呼呼大睡。除了犰狳外，老虎每天的睡眠时间也在18至19个小时左右。

4. 枭猴

枭猴是真正意义上的“夜行者”，也称之为“夜猴”，每天的睡眠时间长达17个小时左右。它们在夜间最为活跃，主要分布在中南美洲的森林地区。这种猴子长着大大的褐色眼睛，帮助它们在夜间清晰地看到眼前的一切。

5. 松鼠

松鼠主要以富含碳水化合物、蛋白质和脂肪的食物为食，这可能是它们每天睡眠时间达到14个小时左右的一个重要原因。除了松鼠外，金仓鼠和白鼬每天基本也睡这么长时间。前者白天睡在洞穴里，躲避捕食者。虽然睡眠时间很长，但在清醒的时候，它们却异常活跃。它们每天的睡眠时间几乎是我们人类的两倍。

6. 猫

猫、老鼠、猪和印度豹都喜欢睡懒觉，每天的睡眠时间在12小时左右。蝙蝠、沙鼠和狮子每天的睡眠时间更长，达到13小时左右。也就是说，它们一生之中有多达三分之二的时间在梦乡中度过。

对爱情“忠贞”的动物

据国外媒体报道，人类喜欢把自己标榜成最忠实的物种，但是当涉及对爱情的忠诚，许多动物却是人类的榜样。它们更加懂得如何维持更好的伴侣关系，一生不分离。虽然在动物王国中，几乎没有一夫一妻制和终生结伴的约定，但是以下的11对动物却将约定圆满完成，真正坚守纯粹一夫一妻制。

长臂猿

长臂猿是与人类血缘关系最为接近的、可与伴侣相伴一生的动物，长臂猿夫妻可形成极亲密的伴侣关系。这个物种雄性和雌性的个体大小大致相同，所以在两性关系中，雌雄的地位相对平等。

天鹅

天鹅形成一夫一妻制的伴侣约定已经延续了许多年了，在某些情况下，可以持续一生。忠于自己的伴侣方式很浪漫，就是两只天鹅在水中游泳时将它们的脖子缠绕成一个心形，这就是它们真爱的象征。

黑秃鹫

长得好看并不是拥有一份忠实关系的先决条件。事实上，黑秃鹫的世界就认同这一点，它们始终对伴侣不离不弃。

法国神仙鱼

你永远不可能找到一个单独的法国神仙鱼。这种鱼形成一夫一妻制的伴侣约定形式，只要对方还活着，它们都会一直在一起。事实上，它们表现得更像是一个团队，积极保卫自己的领地，抵御外敌。

狼

在西方民间的传说中，狼经常被描述成骗子和懒散的动物。实际上，狼的家庭生活比起大多数人类的关系，它们更为忠诚和尽责。通常，狼家庭是由雄性狼、雌性狼和它们的后代组成，本质上就是要组成一个核心家庭。

信天翁

有时候，信天翁不得越过高山，飞过海洋，去到很远的地方觅食，但每当到了繁殖的季节，信天翁总会返回到相同的地方，找回原来的伴侣。雌性和雄性之间的伴侣约定关系长达数年之久，有的甚至持续一生。

白蚁

在普通蚁群中，蚁后和雄蚁交配，保留配子以便繁殖后代，而雄蚁交配后不久就会死亡。而白蚁比较特别，一个雌性“王后”和一个雄性的“国王”，它们终其一生都为自己的蚁群繁衍后代。

草原田鼠

虽然大多数啮齿类动物有一个乱交的骂名，但草原田鼠挽回了好名声。它们形成一夫一妻制的伴侣约定，有时甚至会持续一生。事实上，草原田鼠是动物中一夫一妻制的典范。它们彼此挤在一起，分担筑巢和繁衍的责任，互助互爱。

斑鸠

有一首关于斑鸠成双成对的歌曲名为《圣诞节十二天》。斑鸠是爱和忠诚的标志，甚至激发了莎士比亚诗歌的创作，写出了有名的诗《凤凰与乌龟》。

曼氏血吸虫蠕虫

它们的形象不好，但这些寄生蠕虫的忠诚程度通常远远超过它们所寄居的人类。就如它们的名字那样，它们会导致血吸虫病，也以血吸虫病而被人所知。当它们在人体内繁殖，它们会形成一夫一妻制的伴侣关系，持续它们的整个一生。

秃鹰

在1782年这种鹰被设计为美国国家的象征。秃鹰通常结伴生活，除非伴侣已经死亡。如今美国的离婚率超过50%，比起人类，秃鹰在坚守一夫一妻制方面显得可爱多了。

改变世界的四种植物

越洋贸易是世界历史上的一件大事。一些原本只生长在某个地区的植物从此跨越万水千山，传播到遥远的异地。植物的传播看似波澜不惊，但却有着深远的意义。它们不仅改变了数十亿人口的日常生活，也影响了世界历史的进程。

让世界上瘾的烟草

烟草源自美洲，将之传播到世界的却是欧洲人。1492年10月12日，在哥伦布踏上美洲海岸第一天所记的航海日志里，就写着几种当地人送来的礼物，其中之一就有“发出独特芬芳气味的黄色干叶”——烟草。只不过当时这些叶子被扔在甲板之上，无人问津。半个月后，哥伦布的船队到达古巴，水手们惊奇地发现一些土著在吸食那些卷成筒状的黄色叶子，口鼻中不时冒出缕缕青烟。不少水手也试着效仿，成为欧洲最早的烟民。

烟草随着哥伦布船队的返航最先来到西班牙，不久后传到葡萄牙，紧接着又迅速传到欧洲其他地区。1580年，烟草经葡萄牙传入土耳其，随后辗转进入伊朗、印度、日本等国。1575年左右，西班牙人用一艘大帆船将烟草运到菲律宾移植，烟草在那里迅速成为赚钱的作物。1600年前后，福建的水手和商人又把菲律宾烟草带到中国。烟草的使用与栽培就像一大块石头扔进池塘后激起的涟漪那样，一波波扩散出去。到了1620年时，烟草已经成为不折不扣的全球性作物。

烟草之所以能被普遍接受，一方面是人们曾认为它有神奇的药效。16世纪的欧洲，几乎所有医生都把烟草当“神药”使用，用它来医治牙痛、肠寄生虫、口臭、破伤风甚至癌症。更有一种迷信的说法认为烟草可以治疗黑死病，当年英国伊顿公学每天早晨都会用鞭子逼着孩子们吸烟以躲避瘟疫。另一方面，吸烟具有独特的自娱自乐功能，深受贵族和老百姓喜欢。上流社会的人士为保持优雅风度吸鼻烟和雪茄，一般民众则热衷于抽烟斗和卷烟。不管怎样，劳累一天后能叼着烟卷和朋友们一起喝上两杯啤酒，无疑是莫大的享受。

所以，当反对吸烟的人士不厌其烦地指出烟草的种种危害时，瘾君子们依然在悠然自得地吞云吐雾，所有的排斥情绪和法律手段似乎都不能阻挡全世界的吸烟风潮。今天，全球烟草制造业已发展成一个巨大产业，成为许多国家主要的税收来源之一。

掀起两场重要战争的茶叶

茶叶，另一种让人上瘾的植物，但却没有危害。众所周知，中国是最早熟知茶的生产及加工技术的国家，但由于一直采取限制性贸易，饮茶在很长一段时间里，仅限于中国及其周边一些国家。茶的全球传播，得益于阿拉伯人的中介作用。大约公元850年时，阿拉伯人通过丝绸之路获得了中国的茶叶。

1559年，他们把茶叶经由威尼斯带到了欧洲。

在当时的欧洲，饮茶当数贵族生活的一部分，由于价格高昂，只有很少人能喝得起茶。到17世纪初，独具慧眼的英国东印度公司看准了茶叶贸易的商机，花了整整66年时间，最终取得了与中国人从事茶叶贸易的特许经营权。

此后，东印度公司每年都要从中国进口4000吨茶叶，但只能用白银购买。当时每吨茶叶的进价只有100英镑，东印度公司的批发价格却高达4000英镑，获得了巨额利润。不过，在英国国内，用于购买中国茶叶的银子却日渐稀少。为筹措白银，东印度公司竟向中国非法输入鸦片，对中国造成了巨大危害，最终导致了鸦片战争的爆发。有趣的是，导致美国独立战争爆发的同样是茶叶。

从19世纪中期开始，英国人决定在印度引种中国的茶树，自行生产茶叶。1848年，东印度公司派经验丰富的皇家植物园温室部主管罗伯特·福琼前往中国。或许是福琼真的拥有好运气（“福琼”在英文里就是好运的意思），他带回了2万株小茶树和大约1.7万粒茶种，并带来8个中国茶叶工人和茶农。此后，印度的茶叶开始取代中国的茶叶登上贸易舞台。到1890年，印度茶叶占据了英国国内市场的90%。中国在这场贸易战和商业间谍战中完全落败，成为彻底的看客。

茶叶在欧洲的风行，最终导致了欧洲人特别是英国人生活习惯的改变。比如，在下午5点钟喝下午茶成为许多英国家庭约定俗成的习惯。通常用银壶泡上足够的好茶，然后倒入精制的茶杯中慢慢品尝，当然还需要伴以精美的小点心。下午茶时间可以说是一天当中充满温馨、其乐融融和传情达意的美好时光。

导致人类大迁徙的甘蔗

喝茶直接导致了对糖需求量的增加。糖是从甘蔗汁中提取出来的，最早的甘蔗种植出现在亚洲。当亚洲人在品尝糖的甘甜时，欧洲人只能从蜂蜜中体验类似的感觉。直到11世纪，东征的十字军骑士才在叙利亚尝到糖的甜味。当时，只有在欧洲王室、贵族和高级神职人员的餐桌上才能看到糖，享用高价进口的糖成了一种炫耀财富的方式。

新航路开辟后不久，西班牙、葡萄牙等国开始在加勒比海地区种植甘蔗。甘蔗种植园如雨后春笋般地在这些岛屿上迅速增加。在英属巴巴多斯岛上，这个仅有430平方千米的弹丸之地竟有900多个甘蔗种植园。糖产量的增加导致糖的价格急剧下降，糖得以进入千家万户。

糖对世界产生的影响不仅是在饮食上，它直接导致了跨越洲际的人口大迁徙，不过这是在贩卖黑奴贸易的强制下发生的。相比烟草而言，甘蔗的栽培费时且费力，它需要大量的劳动力。所以，当欧洲国家在加勒比海地区的殖民地大肆兴建甘蔗种植园时，他们首先想到从非洲运进大量奴隶来进行劳作。结果，加勒比海地区乃至南美地区的人口构成，随着甘蔗种植园的不断增加而发生了惊人的变化。

据统计，16世纪以后的300年间，从非洲贩卖到美洲从事包括种植甘蔗在内的大种植园劳动的奴隶高达1170万人，最终仅有980万人活着到达目的地。所以说，糖的甜蜜是与奴隶的血与泪掺在一起的。

养活了世界的土豆

曾几何时，“土豆烧牛肉”是一种让我们羡慕的现实生活标准。但从历史上看，土豆确实因为养活了更多的人而改变了整个世界。土豆产量高，适于各种生长条件，它所含有的丰富的淀粉可以提供一定的营养价值，成为世界范围内的重要农作物。土豆的原产地是南美洲的安第斯山区，新航路的开辟者们把它带到了欧洲，随后便传播到世界其他地方，并成为世界的第四大农作物。

土豆的出现弥补了谷物收成不足所带来的粮食短缺。在中世纪的欧洲，一亩土豆田和一头奶牛就可以养活一家人。1845~1847年，一场突发的植物枯萎病横扫爱尔兰，几乎摧毁了当地的土豆种植业。短短两年内，就有一百多万人死于饥饿、斑疹伤寒和其他疾病。它甚至导致一百多万爱尔兰人移居美国。在战争年代，土豆的作用更不可小视。1756~1763年，欧洲发生了“七年战争”。尽管法国、奥匈帝国和俄国多次入侵普鲁士，摧毁了地表的农作物，普鲁士人却靠生长在地下的土豆躲过了灾难。侵略国看到了土豆在普鲁士国家恢复中的重要作用后，它们的政府很快便采取措施引导农民种植这一神奇的作物。

土豆对世界的意义在于它养活了更多的人，其亩产量是谷物的3到4倍，它因而能够代替谷物满足不断增长的食物需求。在俄国和东欧，土豆代替了面包成为贫穷百姓的主要食物。水煮和火烤的土豆比面包更便宜但具有同样的营养价值。在某种程度上，人们正是因为食用了土豆，才提高了健康水平，也因此能够产生更多合格的劳动力用于拓荒和补充不断因饥荒导致的人口下降。人类的生活和生产得以继续，土豆有着独特的功劳。

树木过冬之谜

自然里有许多现象是十分引人深思的。例如，同样从地上长出来的植物，为什么有的怕冻，有的不怕冻？更奇怪的是松柏、冬青一类树木，即使在滴水成冰的冬天里，依然苍翠夺目，经受得住严寒的考验。其实，不仅各式各样的植物抗冻力不同，就是同一株植物，冬天和夏天抗冻力也不一样。北方的梨树，在零下20—30℃能平安越冬，可是在春天却抵挡不住微寒的袭击。松树的针叶，冬天能耐-30℃严寒，在夏天如果人为地降温到-8℃就会冻死。

什么原因使冬天的树木特别变得抗冻呢？这确实是个有趣的问题。最早国外一些学者说，这可能与温血动物一样，树木本身也会产生热量，它由导热系数低的树皮组织加以保护的缘故。以后，另一些科学家说，主要是冬天树木组织含水量少，所以在冰点以下也不易引起细胞结冰而死亡。但是，这些解释都难以令人满意。因为现在人们已清楚地知道，树木本身是不会产生热量的，而在冰点以下的树木组织也并非不能冻结。在北方，柳树的枝条、松树的针叶，冬天不是冻得像玻璃那样发脆吗？然而，它们都依然活着。

那么，秘密究竟何在呢？

原来，树木的这个本领，它们很早就已经锻炼出来了。它们为了适应周围环境的变化，每年都用“沉睡”的妙法来对付冬季的严寒。我们知道，树木生长要消耗养分，春夏树木生长快，养分消耗多于积累，因此抗冻力也弱。但是，到了秋天，情形就不同了，这时候白昼温度高，日照强，叶子的光合作用旺盛；而夜间气温低，树木生长缓慢，养分消耗少，积累多，于是树木越长越“胖”，嫩枝变成了木质……逐渐地树木也就有了抵御寒冷的能力。

然而，别看冬天的树木表面上呈现静止的状态，其实它的内部变化却很大。秋天积贮下来的淀粉，这时候转变为糖，有的甚至转变为脂肪，这些都是防寒物质，能保护细胞不易被冻死。如果将组织制成切片，放在显微镜下观察，还可以发现一个有趣的现象哩！平时一个个彼此相连的细胞，这时细胞的连接丝都断了，而且细胞壁和原生质也离开了，好像各管各一样。这个肉眼看不见的微小变化，对植物的抗冻力方面竟然起着巨大的作用哩！当组织结冰时，它就能避免细胞中最重要的部分——原生质不受细胞间结冰而招致损伤的危险。

可见，树木的“沉睡”和越冬是密切相关的。冬天，树木“睡”得愈深，就愈忍得住低温，愈富于抗冻力；反之，像终年生长而不休眠的柠檬树，抗冻力就弱，即使像上海那样的气候，它也不能露地过冬。

水仙花的趣闻

水仙为我国十大名花之一，我国民间的请供佳品，每过新年，人们都喜欢清供水仙，点缀作为年花。因水仙只用清水供养而不需土壤来培植。

据说，宋代时，有一闽籍的京官告老回乡，当他乘船南返，将要回到家乡漳州时，见河畔长有一种水本植物，并开着芳香的小白花，便叫人采集一些，带回培植。据《蔡坂乡张氏谱记》载；明朝景泰年间，他们的祖宗张光惠在京都做学官，一年冬天请假回乡，船过江西吉水，发现近岸水上，有叶色翠绿、花朵黄白、清香扑鼻的野花，于是拾回蔡板栽培育成新卉传下。

传说崇明水仙来自福建。那是唐代则天女皇要百花同时开放于她的御花园，天上司花神不敢违旨，福建的水仙花六姐妹当然也不例外，被迫西上长安。小妹妹不愿独为女皇一人开花，只行经长江口，见江心有块净土，就悄悄溜下在崇明岛。所以，福建水仙五朵花一株开，崇明水仙一朵怒放。

希腊神话传说，水仙原是个美男子，他不爱任何一个少女，而有一次，他在一山泉饮水，见到水中自己的影子时，便对自己发生了爱情。当他扑向水中拥抱自己影子时，灵魂便与肉体分离，化为一株漂亮的水仙…

水仙花早在宋代就已受人注意和喜爱。《漳州府志》记载：明初郑和出使南洋时，漳州水仙花已被当作名花而远运外洋了。“借水开花自一奇，水沉为骨玉为肌”。水仙花通常是在精致的浅盆中栽培，然而，它对生活也挺简单朴素，适当的阳光和温度，只凭一勺清水，几粒石子也就能生根发芽。寒冬时节，百花凋零，而水仙花却叶花俱在，胜过松、竹、梅，仪态超俗，故历代无数文人墨客都为水仙花题诗作画，呈献了不少幽美的篇章。

植物行为趣谈

如果有人说，植物也像动物那样有记忆能力，恐怕你听了不会相信。但这种说法有一定的科学根据。不久前，科学家们在一种名叫“三叶鬼针草”的植物身上，进行了一项有趣的实验。结果证明，有些植物不仅具有接收信息的能力，而且还有一定的记忆能力。

这项实验是法国克雷蒙大学的学者设计的。他们选择了几株刚刚发芽的三叶鬼针草，整个幼小的植株总共只有两片形状很相似的子叶。一开始，研究者用4根细细的长针，对右边一片子叶进行穿刺，使植物的对称性受到破坏。过了5分钟后，他们用锋利的手术刀，把两片子叶全部切除，然后再把失去子叶的植株放到条件很好的环境中，让它们继续生长。想不到5天后，有趣的情况发生了，那些针刺过的植株，从左边（没受针刺）萌发的芽生长很旺盛，而右边（受到过针刺）的芽生长明显较慢。这个结果表明，植物依然“记得”以前那次破坏对称性的针刺。以后科学家又经过多次实验，进一步发现，植物的记忆力大约能保留13天。

植物怎么会有记忆呢？科学家们解释说，植物这种记忆当然不同于动物，它们没有与动物完全一样的神经系统，可能是依赖离子渗透补充而实验的，应当说，关于植物记忆的问题，在目前还是一个没有被彻底解开的谜。

报复行为

动物有报复行为，植物也有报复行为。秘鲁千多拉斯山里生长着一种不到半米高、有如脸盆大小的野花，每朵花都有5个花瓣，每个花瓣的边缘上生满了尖刺，你不去碰它倒也相安无事，但如果你碰它一下，那就活该你倒霉，它的花瓣会猛地飞弹开来伤人，轻者让你流血，重者则会留下永久的疤痕。

非洲的马达加斯加岛上有一种树，形状似一棵巨大的菠萝蜜，高约3米，树干呈圆筒状，枝条如蛇，当地人称为蛇树。这种树极为敏感，一旦有人碰到树枝，就会被它认为是敌对行为，很快被它缠住，轻则脱皮，重则有生命之虞。

植物的报复性行为已引起科学家的关注，它实际是植物的一种自我保护行为，是植物在长期进化过程中形成的特殊功能。

感受音乐

动物脑体内有一块音乐区，能感受音乐的作用。法国的植物学家兼音乐家斯特哈默通过生动的试验证实：植物对音乐也相当敏感。他通过给番茄树每天弹奏3分钟的特定曲目，使得该树的生长速度提高了2.5倍，而且长出的番茄既甜且耐虫害。斯特哈默理所当然地认为，这是由于音乐的神奇作用。

并不是任何一首曲目都能触动植物的音乐敏感区，曲目的选择大有讲究，这也正是科学与艺术的微妙区别。按斯特哈默的研究，音乐中的每一个乐章都应该对应植物体内蛋白质的某一个氨基酸分子，一首曲子实际就是一个蛋白质完整的氨基酸排列顺序。这样，植物听到这一曲目时，体内的某些特殊酵素就会更加活跃，从而促进植物的生化作用及快速生长。

斯特哈默创作这些曲目时颇费心思，以植物细胞色素氧化酶来说，他必须首先通过精确的物理实验来分析出该酵素的氨基酸顺序，然后再利用量子物理学的一些专业知识计算每个氨基酸的振动频率，最后，再将这些振动转译成植物能够听到的音乐频率。植物能听懂音乐的内在机制，还需科学家进一步研究。

植物奇妙曲线

世间万物，各有其性，以植物而言，枝蔓茎干绝大多数都是直向生长的，而有一些植物却是盘旋生长的。如攀缘植物五味子的藤蔓就是左旋按顺时针方向缠绕生长的。与此恰恰相反，盘旋在支架上的牵牛花的藤在旋转时，却一律按逆时针方向盘旋而上，如果人为地将其缠成左旋，它生出新藤后仍不改右旋特性。

令人惊异的是，还有极少数植物藤蔓的螺旋是左右兼有的。如葡萄就是靠卷须缠住树枝攀缘而上，其方向忽左忽右，既没有规律也没有定式。英国著名科学家科克曾把植物的螺旋线称为“生命的曲线”。

植物的枝蔓茎干为什么会出现左右旋转生长的现象呢？一般认为，这是由于南北半球的地球引力和磁力线的共同作用。而最新的研究表明，植物体有一种生长素能控制其器官（如茎、藤、叶等）的生长，从而产生螺旋式的生长（攀缘），这是个遗传问题。

那么，遗传又从何而来？近年来，科学家通过研究认为，遗传的发生也与地球的两个半球有关。远在亿万年以前，有两种攀缘植物的始祖，一在北半球，一在南半球。植物为了得到充足的阳光和良好的通风，紧紧跟踪东升西落的太阳，漫长的进化过程使它们形成了相反的旋向，而那些起源于赤道附近的攀缘植物由于太阳当头而没有固定的旋向，便成为左旋和右旋兼而有之的植物。

走进世界最寒冷的五个地方

你知道世界上哪里最冷吗？你知道在这些号称“最冷酷”的地方的人们是怎么样生活的吗？下面，就让我一起走进世界最寒冷的五个地方。

1. 南极东方站

号称是世界上最冷的地点。东方站是所有南极考察站中海拔最高的一个，也是最靠近南极点的一个考察站，海拔3600米，建于1957年，现在属于俄罗斯，位于南纬78°28′，东经106°48′，南极磁点附近。这里空气中的含氧量很低，相当于其他大陆5600米高的空气含氧量。东方站几乎是南极洲最冷的地方，也是世界上最冷的地方。1983年7月2日，测得温度为-89.2℃，人们将这里称为南极的“寒极”；在这里冰川学家打出了世界最深的钻孔，深达2600米（计划打到3700米）；由于这里气候酷寒而且风大，被称为南极不可接近地区。

该站一般有30名左右的工作人员，主要从事地球物理、高层大气物理、气象学、环境学和冰川学方面的研究。

南极洲是如此寒冷，以致这里大部分地区的雪从来不会融化，泼水即成冰。该地区的平均温度大约是-48.9℃，使其成为地球上最寒冷的地方。寒冷的天气条件下履带牵引车有时会无法正常行驶，很难往东方站运送燃料和相关设备。出于节省开支等方面的考虑，科研人员曾经三次暂时关闭东方站。

2. 俄罗斯–维尔霍扬斯克

维尔霍扬斯克年温差最大达到107.7℃。

在西伯利亚东北部亚纳河畔，东南距雅库茨克约900千米。地处北极圈以北。居民约2000人。建于1638年，帝俄时代为犯人流放地。河港11月末至次年2月末，昼夜平均气温低于-40℃，绝对最低温曾达-71℃，为北半球寒极之一，也是世界上年温差最大的地区（107.7℃）。

3. 俄罗斯–雅库茨克

世界最寒冷的城市是雅库次克。

雅库次克位于北纬62°，在西伯利亚大陆腹部，冬天气温常降至-60℃，夏天最热可达40℃，温差100℃，为全世界大陆性气候表现最典型的城市。雅库茨克市是俄罗斯雅库特自治共和国的首府，距北冰洋极近，是萨哈共和国的科学、文化和经济中心，建于1632年，从莫斯科到雅库茨克市距离为8468公里。雅库茨克1月份的平均气温为-40.9℃，而7月份的平均气温为18.7℃，由于雅库茨克市建于永久冻土层上，因此有“冰城”之称。

4. 加拿大–斯纳格·育空河

这里以北美地区最低气温而著称。

斯纳格·育空河（snagyukon）位于加拿大，以北美地区最低气温而著称。是亚极地气候，夏季短暂，相当温暖；但是无树的山坡高地属于极地气候。整个漫长冬季有来自西伯利亚或北冰洋的冷气团横越阿拉斯加和育空地区，但偶尔有来自北太平洋的温暖气团越过圣伊莱亚斯山脉的障碍为怀特霍斯（Whitehorse）地区带来较暖的冬季气温。1月平均气温在道生（Dawson）约为-31℃，在怀特霍斯则为-21℃。1947年正式记录的北美洲最低温度-63℃是在育空地区西南沿阿拉斯加公路的斯纳格（Snag）记录到的。

5.俄罗斯–奥伊米亚康

亚洲最冷的地方——奥伊米亚康（Oymyakon）。

一般说地球上最冷的地方是在高山之巅和极地区域。但在南北半球和不同地区也不尽相同。专家解释说，亚洲最冷的地方，既不在北极点，也不在北极圈内，而是在俄罗斯西伯利亚东部的奥伊米亚康，位于北纬63°16.2′，在因迪吉尔卡河上游、松塔尔—哈亚塔山同塔斯—克斯塔贝特山之间。那里，12月至次年1月，昼夜气温均低于-45℃，在1885年2月以零下67.7℃的正式记录获得北半球“寒极”的称号，1964年1月又以-71℃的低温打破了原有的纪录。

北半球的“寒极”为何不在极点上，而在其南侧约27个纬度的地方呢？这是因为奥伊米亚康是西伯利亚冷高压长期盘踞的地方，周围的地形又属盆地，促进了冷空气的聚积和辐射冷却。而北极圈内为北冰洋，尽管它上面有海冰覆盖，但仍有热量从冰下传向冰上的低层空气，致使气温反倒比不上奥伊米亚康低。

成语里的春夏秋冬

生活在天地之间的人类，自然早就认识了一年四季春夏秋冬的交替。这反映在成语世界里更是五光十色，情趣盎然。

“一年之计在于春”。春季是一年之中的第一个季节，时在“阳春三月”。《诗经》曰：“春日载阳，有鸣仓庚”意思是春天暖和，黄莺开始鸣叫。这阳光和煦的春天，万物复苏、草木竞长，世间大地到处是一派“春暖花开”“姹紫嫣红”“欣欣向荣”的盎然春意。故“春”常喻美好，得意，有“妙手回春”“枯木逢春”“春风得意”“春风满面”“春风化雨”之说，更有“一场春梦”“春心荡漾”，把一个“春”字点缀得令人神往，有点“乐不思夏”了。

“七月流火”，火星西偏则已到了夏季，按古人五行之说，夏天当属火，又说夏官司马，于时为阳，难怪夏天这么热，“夏日炎炎”“骄阳如火”“酷暑难当”，热得“吴牛喘月”。相传这吴地的水牛最怕夏热，见到月亮以为是太阳，便害怕得直发抖。这么热，人们自然要对“秋山寒林”“望穿秋水”了。

“金秋十月”“秋高气爽”，过了“春华秋实”的收获时节，便是“一叶知秋”到“秋风扫落叶”了。魏，曹丕有诗云“秋风萧瑟天气凉，草木摇落露为霜”。这秋凉阵阵自要“秋扇见捐”，即便是动物也要换毛待凉，故有了“秋毫之末”“秋毫无犯”之中的“秋毫”。那秋风习习吹皱澄清的水面，泛起阵阵涟漪，也足以令人回味那“暗送秋波”的“秋水伊人”。过了秋天，一年也算过得差不了，所以只说“千秋万代”“一日三秋”，却不说“千冬万代”或者“一日三春”，这是后话。值得一提的是“常以肃杀而为心”（欧阳修语），“万物始伤被刑法”的悲秋成了千古文人骚客感慨身世，客居怀乡的永恒主题，这当然是秋季的气候在作祟。宋李清照有“卷帘西风，人比黄花瘦”，更有元代马致远一曲“古道西风瘦马”成为千古绝唱。

待到“北风怒吼”，已是“雪窖冰天”“银装素裹”的隆冬季节了。此时不再吹“西风”，而是吹北风了。《礼记·月令》说：“羽音北方属冬”，古人的依据是否是因为冷空气从北方而来，那就不得而知了。

四季的时间都一样长吗?

你认为四季的时间都一样长吗？不是的，四季的时间并不相等，你只要在日历上计算一下日子就知道了。从春分（3月21日）到夏至前一天——春季——是92天19小时，从夏至（6月21日）到秋分前一天——夏季却有93天15小时，从秋分（9

月23日）至冬至前一天——秋季——又只有89天19小时，而从冬至（12月22日）到春分前一天——冬季——却只有89天。夏季竟比冬季长4天15小时！

为什么四季的时间不一样长呢?

这完全和地球离太阳的远近有关系。因为地球绕太阳运行的轨道是一个椭圆形，太阳并不在这个椭圆的中心，而是在这个椭圆的一个焦点上。这样，地球在绕太阳运行的时候，就会离太阳有时近，有时远。地球运行的速度是和太阳引力的大小有关系的；而太阳引力的大小，又和地球距离的远近有关系。如果地球距离太阳远一些，太阳对它发生的引力作用就小一些，那么地球就会走得慢一些；如果地球距离太阳近一些，太阳对它发生的引力作用就大一些，那么地球就会走得快一些。

春季，地球在离开太阳较远的轨道上运行，太阳对它的引力比较小，因此它在轨道上运行就较慢，所以春季的时间就长一些。夏季，地球离开太阳最远。太阳对它的引力最小，因此它走得最慢，所以夏季的时间最长。秋季，地球已在离开太阳较近的轨道上运行，太阳对它的引力比较大一点，因此它的运行速度就比较快，所以秋季的时间就短一些。到了冬季，地球离太阳最近，太阳对它的引力最大，它也走得最快，所以冬季的时间最短。

世界气候之最

世界上最冷的地方——南极洲年平均气温在-25℃以下，苏联南极东方科学考察站曾测得极端最低气温-89.5℃。常年有人居住的最冷的地方，要数俄罗斯东西伯利亚的维尔霍扬斯克和奥伊米亚康地区。

世界上最热的地方———非洲埃塞俄比亚的马萨瓦年平均气温为30.2℃，1月平均气温是26℃，7月平均气温是35℃左右。而极端最高气温出现在索马里，在背阴处测得的温度是63℃。

世界上最湿润的地方——印度的乞拉朋奇年降雨量达到12700毫米。

最干旱的地方——南美洲智利的阿塔卡马沙漠地区那里从16世纪至今已有400多年没下过一滴雨。

阳光最充足的地方——非洲的撒哈拉沙漠每年太阳露脸的日子达97%。美国佛罗里达州的彼得斯堡，太阳曾经从1967年2月到1969年3月连续两年多的时间里，每天白天都在那里照耀。

世界上气温变化最剧烈的地方——美国的南达科他州的斯比尔菲什那里曾经在2分钟内，气温从-4℃猛升到45℃，人们一下子度过了几个季节。

空中发电场——闪电

闪电是地球上常常出现的放电现象，它用我们难以想象的方式制造着令人惊叹的巨大的能量。一条闪电在瞬间很难判断它的长度，但据专家测算，闪电的长度为50千米左右。地球上面每年发生闪电大约有30亿余次，每1秒钟就有100多次。闪电中心的温度可以高达2万℃，这比太阳表面6000℃的温度还要高出3倍以上。

发电原理

闪电是地球上的一种发电机制，这种发电的设备就是云。发电设备的主要动力就是运动。空中的气流有许多运动的机会，当冷热两股气流相撞时，热空气就会上升，并在上升的过程中冷却为水滴形成雨。同样，地面上水汽受热也会直接上升，并且形成降雨。当水滴上升到一定高度、温度低于-18℃时，水滴就会结成冰晶。这些冰晶会在云中气流的推动下运动、碰撞。实际上在云中，特别是水滴多的云中冰晶碰撞的机会非常多，这种被上升热气流充分搅动的云为冰晶碰撞的极大动力。一开始这种碰撞是随机的，并没有带电的性质，然而当水滴源源不断地扩充体积并持续更长时间的运动之后，冰晶就会形成不同的带电状态。一部分带正电，一部分带负电，于是空中发电场就进入了工作状态。

闪电的放电原理很像电池，电池平时并不放电。正负极只有接通了才可以放电。而空中的冰晶在碰撞之后就像电池，按正负分别集中在云的上端和下端，它们之间经常会有正负的冰晶相互接触，在他们接触的一瞬间就像电池接通一样，产生巨大的电流。与此同时，空气也会产生膨胀力，于是我们看到了闪电，听到了雷声。

前景可观

闪电这个在空中无处不在的能量，还是一个既无污染又隐藏丰厚能量的资源。人们测算过，一次闪电所放出的能量，相当于一个小型原子弹爆炸的能量。如果人类能有一种技术，把闪电的能量采集下来，那么人类将拥有取之不尽的能源。准确地说这是天空中水与冰的发电厂，这种物质是地球上永远可以循环的取之不尽用之不竭的物质。地球上不仅拥有云这一水资源，地球还是一个拥有许多奇特能量的星球。相信终有一天，人类会充分使用闪电制造出的巨大能量。

预防闪电

我们在谈到闪电的好处时，切莫忘了它的坏处。要知道，一个万分之一秒接通而诞生的闪电能坚利地把一棵大树击倒并燃烧。每年在地球上因闪电引起的火灾，至少有几十万次。当然还有很多裸露在户外的带电设备，经常遇到闪电的打击。现在随着城市建筑越来越高，遇闪电袭击的可能性就越大。同时城市带电设备不断增多，也能引发闪电事故的扩大势态。

人们常常采用安置避雷针的方法来避免闪电事故的发生。随着社会文明发展，将进入更加高科技时代，闪电的破坏性对建筑物、对人们生活及电子设备将产生越来越高的干扰。例如一次闪电的袭击可以引起银行账户的混乱。因此我们对闪电的危害决不可掉以轻心。

无处不在的气象哨兵

婀娜多姿的飞蝶，增添了春光的娇艳；悦耳动听的蝉鸣，伴随着夏天的灿烂；星光闪烁的萤火，点缀着凉爽的秋天；辛勤耕耘的蜜蜂，享受着丰盛的冬宴。

昆虫，作为人类熟知的一类动物，几乎在地球上的每个角落都有它们的踪迹：从天涯到海角，从高山到深渊，从赤道到两极，从海洋、河流到沙漠，从草地到森林，从野外到室内，从天空到土壤，到处都有昆虫的身影。

昆虫之所以有气象哨兵的美称，也源于我国古代的一些诗书的记载。殷代甲骨文的“夏”字，就是一个以蝉的形象为依据的象形字。可见人们早就把蝉和夏季联系在一起，蝉开始鸣叫就是表示天气要变热了。我们的祖先在农历中把全年分为24个节气，其中“惊蛰”是在农历2月间。古人经过对昆虫的长期观测，知道到了“惊蛰”这个时候，一切越冬昆虫就要苏醒，开始活动了。

我们的祖先把昆虫的活动与季节和月份联系起来，从而总结出以候虫计时的规律，记入书籍中。如《诗经·七月》篇中有：“五月螽斯动股，六月沙鸡振羽，七月在野，八月在宇，九月在户，十月蟋蟀入我床。”意思是：五月螽斯开始用腿行走；六月“沙鸡”（纺织娘）的两翅摩擦发出鸣声，同时也可飞行；八月到了住户的屋檐之下；九月即进到屋里了；十月蟋蟀就得钻到热炕下了。

根据某些昆虫的活动情况或鸣声，可预测短期内的天气变化及时令。例如，众多蜻蜓低飞捕食，预示几小时后将有大雨或暴雨降临。其原因是降雨之前气压低，一些小虫子飞得也低，蜻蜓为了捕食小虫，飞得也低。蚂蚁对气候的变化也特别敏感，它们能预感到未来几天内的天气变化。

趣话“秋老虎”

秋老虎是我国民间指立秋（8月8日左右）以后短期回热天气。一般发生在8、9月之交，持续日数约7~15天。

形成秋老虎的原因是控制我国的西太平洋副热带高压秋季逐步南移，但又向北抬，在该高压控制下晴朗少云，日射强烈，气温回升。这种回热天气欧洲称之为“老妇夏”天气，北美人称之为“印第安夏”天气。

由于我国地域辽阔，“秋老虎”的表现略有所不同，如华南的秋老虎要比长江流域的来得迟，一般推迟2—4个节令。另外，每年秋老虎控制的时间有长有短，半个月至两个月不等；有时秋老虎来了去，去了又回头。“秋老虎”天气，虽然气温较高，但总的来说空气干燥，阳光充足，早晚不是很热，不至于热得喘不过气来。

虽然人们普遍认为立秋后出现的高温天气就是“秋老虎”。但也有人提出不同的看法。

1. 秋老虎应是夏老虎：立秋之后，也就是8月上中旬的秋老虎应是夏老虎。按照日平均气温连续5天在≤22℃—≥10℃时，首日作为秋季开始的划分标准，处暑（8月22、23日）之前我国华北、江淮、长江中下游、江南、华南的许多地区还正处在夏季，有“秋后一伏热死人”的谚语，立秋节气15天内，仍处在二伏和三伏期内，正是炎热之时。此时出现的高温天气实属正常。夏季本来就应该炎热，这时的老虎，应该是夏老虎，提秋老虎太早了。

2. 秋老虎应指先凉后热的天气：大气科学词典上说：秋老虎是我国民间对立秋之后重新出现短期炎热天气的俗称。这里的关键含义是天气变凉后再次出现短期的炎热天气，称为秋老虎。的确，每年8月22或23日的处暑之后，往往炎热程度减弱，早晚会感到秋天的信息。

提到秋老虎形成的原因，大气科学词典提道："副热带高压再度控制江淮流域，气温回升，形成了闷热天气。"可见，南方处暑后天气也有渐凉的表现，只不过没有北方那么明显。大气科学词典进一步指出：秋老虎一般发生在8、9月之交以后，持续日数约一周至半月，甚至更长时间。

有不少年份，立秋热，处暑依然热，故有"大暑小暑不是暑，立秋处暑正当暑"的说法，这种夏秋连热的情况出现，"秋老虎"更加引起人们的关注，需更多提醒防暑降温。

千奇百怪的老鼠

会变形的老鼠

亚马逊河流域的原始森林中，有一种会变形的老鼠。它身体硕大，行动敏捷，每当遇到强敌进攻时，便会变形，使整个身体如一只充了气的大足球，令敌人既无从下口，又无法踩扁，拿它无可奈何，只得悻悻而去。这种老鼠在过河时也会变形，使身体像只充气的橡皮艇安然泅渡。

踩不死的老鼠

在非洲尼日尔阿德拉地区有一种踩不死的软骨鼠。它的肌肉肥厚，骨质细软，心脏在下腹，若用脚踩它，它的脊骨和内脏会分别挤向两边，全身的重力由肌肉承受，人只要稍一提脚，它便恢复原状，溜之大吉。

会捉猫的老鼠

坦桑尼亚和莫桑比克有种鼠同猫相遇时，能分泌出一种麻醉剂，使猫接触后浑身发抖，瘫倒在地任其摆布。最后老鼠将猫喉咙咬破，饱吸其血，并把猫吃掉。

会捕蛇的老鼠

摩洛哥的肯地勒温有一种会捕蛇的老鼠，它眼里能喷出麻醉性的毒液，使蛇神经麻痹中毒而死，随后将蛇肉吃个精光。

烫不死的老鼠

希腊的维库加地区有一种烫不死的沸鼠，它们常年生活在80°C~90°C的热泉水中，若放在常温下，反而会很快“冻”死。

冻不死的老鼠

俄罗斯雅库特地区有一种冻不死的老鼠，那里的气温低于零下7°C，而这种老鼠却出没于冰天雪地之间，悠然自得。

有香气的老鼠

美国宾夕法尼亚有一种香老鼠，头顶长着香腺，沿颈部有一条长长的香腺管，连通身上的无数香胞，分泌出香素，发出一阵阵的浓香。

会上吊自杀的老鼠

我国小兴安岭林区，有一种深灰色的山鼠，如果把它们藏粮洞穴毁坏，粮食取走，它们就会恼羞成怒，先是围着破窝乱跑狂叫，然后爬上树把脖子伸进树杈，上吊自杀。

会游泳的老鼠

在美洲有一种能在水下生活的老鼠，这种老鼠不仅能在水下待上三天三夜，而且还能在水下捉鱼类充饥。

不怕毒蛇的老鼠

美国西部有一种森林鼠，它和响尾蛇同穴居住。即使被毒蛇咬伤，也没有危险，原来这种老鼠的血液里有一种抗毒酶因子。当老鼠被毒蛇咬伤时，这种酶就把蛇毒分解掉，老鼠便安然无恙了。

有“文凭”的老鼠

美国有些老鼠毕业于美国哈里森警鼠学校，并领文凭，供各单位录用。这些老鼠在校期间，要学习在汽车、轮船、飞机、火车上钻进警犬钻不到的地方。一旦发现炸药等违禁物品，就会发出信号。

根的趣闻

说到植物的根，人们会想到《水浒传》中的鲁智深，他的力气大得出奇，竟然能把大相国寺的垂柳连根拔起。连根拔起垂柳为什么不容易呢？这是因为植物的根在地下分布得既深又广，根紧紧抓住大地，把植物固定在大地上，同时为植物的生长发育输送水分和养分。根作为植物的一部分，默默无闻地奉献，一般人对它了解得不多，其实，它也有不少奇趣呢！

根的生命力

如果有可能到地底一游的话，你会惊奇地发现，植物的根竟是如此发达！小麦的根最多可达70 000条，总长500米以上；一株才长出8片叶子的玉米，根的数目在8 000—10 000条！生活在沙漠地区的骆驼刺，地上的茎充其量不过0.5—0.6米高，地下的根却可长到5—6米，最深可达15米。种子在发育时，胚根最先突出种皮，径直往下生长。这种根又粗又大，入土较深，叫主根。主根上再长出较细的根来，这种根叫侧根。

“无手雕刻家”

植物学家曾经做了这样一个实验。先在地里挖了一个30厘米深的坑，然后将一块光滑的大理石平平地放了进去，上面用土壤盖好，尔后在土中撒下一些芸豆种子。不久，芸豆苗出土了。等到芸豆的茎蔓上长出卷须来，将土扒开，竟然发现芸豆苗的根紧紧地贴在大理石表面，原来光滑的大理石面被根“刻”上了纵横交错的纹路！芸豆的根为什么能成为“雕刻家”呢？原来，植物的根在呼吸时吐出二氧化碳，这些二氧化碳溶解在土壤溶液中成为碳酸，然后再以离子交换的形式把大理石（主要成分为碳酸钙）分解成氧化钙和二氧化碳，氧化钙溶于水，随水被根毛细胞吸收。天长日久，大理石板表面就这样被“雕”出花纹来。

有趣小国

1. 无耕地之国：瑙鲁共和国面积只有24平方千米，人口约5000多人，全境80%的面积覆盖着磷酸盐，没有供耕作的土地，他们只得出口磷酸盐，进口泥土，把土填在废弃的矿坑里种植作物。摩纳哥是世界上面积最小的国家之一，全国总面积不到两平方千米，全境内均为建筑物和其他日常设施，没有耕地及农业。

2. 无水之都：科威特国大部分是沙漠，没有河流湖泊，可供食用的地下水也很缺，它的国际贸易主要是出口原油和进口淡水，以及制造淡水的设备。

3. 常晴之岛：波多黎各岛几乎每天都是晴天。6年之内，看不到太阳的日子只有17天。

4. 垂钓之国：芬兰人一年四季爱钓鱼，钓鱼人竟达105万，约占全国人口的30%。钓鱼比赛每年举行多次，规模较大的有五六千人参加。芬兰人不仅爱钓鱼。而且还爱吃鱼，一年就吃掉一种叫“虚的糊”的鱼百万余斤。

5. 无电影之国：沙特阿拉伯人信仰伊斯兰教，把影视戏剧视为异端，不准放映和演出，所以全国没有兴建一座影视院。

国中国、城中城、海中海

一、国中国

世界上有四个国家的领土被另一个国家的领土所包围，成为“国中国”。地处非洲南部的莱索托，四周被南非共和国所包围，面积3.03万多平方千米，人口120多万。位于欧洲南部亚平宁半岛东北部的圣马力诺，国境四周与意大利接壤，是欧洲最古老的共和国，面积61平方千米，人口2万。位于法国城市尼斯以东，南濒地中海，三面为法国东南部所环绕的摩纳哥公国，是一个风景美丽迷人的小国，面积1.49平方千米，人口3万多。地处意大利首都罗马城内西北角高地上的梵蒂冈，是世界上最小的国家，面积0.44平方千米，人口约1000人。

二、城中城

伦敦市是英国的首都，是世界大都市之一，面积1605平方千米。伦敦城位于大伦敦市的中心地区，全城面积只有1.6平方千米，居民仅有4000多人，是英国的金融和商业中心，也是世界最大的金融和贸易中心之一。伦敦城在伦敦中心占有特殊的地位。它有自己的市政机构、警察和法庭。它的市长地位比伦敦市政委员会主席的地位还高。在举行重大典礼时，女王到达伦敦城，也需等候该市长将一柄“市民宝剑”授予她后，方可进城。真可谓“城中城”。

三、海中海

中亚一带的咸海是一个两屋海，即在咸海底300—500米以下又出现了一层海。这层海的海水与白垩沉积混合在一起，它的水略含矿物质，有盐分。科学家发现，咸海的地面海与地下海有若干相通之处。地下海每年要供给地面海4—5亿立方米的海水而不枯竭，原来天山山脉有几道暗河直通到咸海的地下海。

四、湖下湖

在美国阿拉斯加半岛北部的巴罗沃海角上有一个奇妙的湖泊，叫努沃克湖。湖里的水分为两层，上层是淡水，下层是咸水，而且水层之间有明确的分界线。据考证，这两层不同水质是由海湾造成的。平常，陆地上的冰雪雨水流入湖中，因此比重小而浮在上面。当狂风卷起海水涌进湖里的时候，由于海水含盐比重大而沉入下层，形成了奇妙的双层湖。

五、湖中湖

加拿大安大略省的休伦湖中，有座面积为2766平方千米的马尼图林岛，岛上有个湖，叫马尼图湖，面积106.42平方千米，是世界上最大的湖中湖。

六、岛中岛

位于南太平洋西部的汤加共和国的西列岛中，有一个岛屿，岛上有个湖，湖中有岛，岛上又有湖，一环套一环，构成了世界上罕见的“岛中岛”。

七、瀑中瀑

南美洲伊瓜苏河上的伊瓜苏瀑布，幅宽4000米，是世界上最宽的瀑布。它被河心岩石分隔为275股小飞瀑，就像被一把大梳子梳过似的。瀑布跌落声无及25千米，浪花飞溅，形成30~50米高的雾幕，蔚为壮观。

八、树中树

在我国山东省青岛太清宫内，有一颗西汉古柏，其上缠着一株凌霄花，形如盘龙，而在古柏中间，又长着一株阔叶乔木——盐肤木，形成罕见的“三木一体”。

南极趣闻

南极是地球上最为奇特的地区之一，有着很多令人感兴趣的问题。

一、南极点用什么时间？地球的南、北极点是地面上所有经线的交点，那里只有明确的纬度（南、北纬90°），而没有明确的经度。所以南、北极点不属于世界上任何一个时区，也就没有自己的区时。我们知道，地方时因经度而异，南、北极点没有明确的经度，因此也没有自己的地方时。总之，从理论的角度看，南极点既无区时也无地方的。那么，在现实当中，南极点采用的又是什么时间呢？美国南极点考察站（阿蒙森一斯科特站），为方便本站进行日常工作和对外联系，需采用一个规定的时间。由于他们的物资和人员都从新西兰基地用飞机直接运来，因而他们采用的是新西兰时间，即东12区的区时。这比我国采用的北京时间早4个小时。《秦大河横穿南极日记》中写道：“我们全体于智利彭塔时间（注：1989年12月11日下午5时到达南极点。极点使用的新西兰时间，为12月12日上午9时。”秦大河是徒步到达南极点的第一个中国人，而且很可能也是我国第一个把南极点时间告诉国人的人。

二、南极点上怎样记风向？南极点位于地球的最南端，由南极点向任何方向都是向北，不论什么风向都是北风。可是气象观测和科学研究上不能那么记，那样记是毫无意义的。科学家们规定：在南极点，风向是以0°经线为基本方向，按顺时针方向量度的，共分为360°。按照这样的规定，从0°、东经90°、180°、西经90°吹来的风，其风向依次是0°、90°、180°、270°，余可类推。南极点上风向比较稳定，多数来自东经26°~东经54°那个方位，即风向多为东经26°—东经54°，年最多风向为东经38°。南极点上盛行26°—54°风的原因，是因为它位于大约向东经38°方向升高的坡上，在重力和地转偏向力共同作用下形成的缘故。据长年观测资料，南极点年平均风速为4.8米／秒。极夜期风速大些，极昼期间风速小些。

三、为什么南极大陆无地震？地震是最为严重的自然灾害之一。全世界每年发生地震约500万次，仅有感地震就有近5万次，能造成灾难性破坏的7级及其以上的大地震，20世纪就发生了1200多次。然而到目前为止，南极大陆却从本记录到什么地震。这是什么缘故呢？科学家们经过长期研究认为，巨厚的冰层是南极大陆无地震的主要原因。据统计，南极大陆冰雪莫盖面积达95%以上，冰层平均厚度为1880米，最厚处达4000米以上。由于巨厚冰层的压力，其底部几乎处于熔点状态。此外，由于冰层面积大、分量重，在垂直方向产生了强烈的压力，分散和减弱了地壳的形变，从而使地震无从发生。所以南极大陆是地球上名副其实的"安全岛"。顺便指出，地处北极地区的世界第一大岛——格陵兰岛，由于同样的原因，也没发生过大地震。

四、为何南极地区多陨石？随着人类对南极地区科学考察活动的回益频繁，科学家们发现，南极地区是世界上陨石最为丰富的地区。据统计，迄今为止，各国考察队在南极找到了3万多块陨石，占全世界陨石回收总数的90%以上。那么，南极为什么有如此丰富的陨石呢？据我国第15次南极考察队地质队长刘小汉博士分析，原因有二：一是冰盖对陨石的搬运收集作用；二是黑色的陨石在白色的冰雪中易于辨认及被人发现。陨落到冰层深处的陨石，随着冰盖不停地向较低的地方移动。当冰盖受到隆起山脉的阻挡时，厚厚的冰层便会）顺着山坡向上推起。翘起的冰层表面在狂风中不断汽化消融。冰层边推起边消融，久而久之，就会把冰层里面的陨石送到表面。而冰层表面继续消融，陨石却留在原地不动。于是冰层又渐渐把后面的陨石推出来，就好像天然传送带一样，把陨石收集在一起。一般采说，只要发现一块陨石，很有可能就有一大片。据有关资料，日本考察队曾在仅仅几平方千米的冰面上找到上千块陨石。由于南极陨石污染程度低，又长期保存在冰层内不易风化，较好地保留了作为宇宙物质带来的信息，所以南极陨石有着很高的科研价值。

世界15个地名趣闻

据国外媒体报道，我们的地球上充满各种非常奇怪的地理、地质现象以及神秘事件。因为这种事情实在太多了，因此我们可能永远也无法彻底揭开自然界隐藏的所有谜底。以下是15个与地理、地质和地球有关的罕见也非常怪异的事实。

1.被全世界广泛承认的世界第二长的地名是:“Taumatawhakatangihangak oauauotamateaturipukaka pikimaungahoronukupokaiwhe nua kitanatahu）”，一共由85个字母组成，是新西兰的一座山名。这是个毛利短语，大意是：“大膝盖的男人塔玛提亚，他滑山、爬山、吞山，以蚕食土地而闻名，海洋和大地旅行者，他在这里对他心爱的人吹响笛子。”以前它是世界上最长的地名，直到最近，这项殊荣才被泰国的“Krung thep maha nakorn amorn ratana kosinmahintar ayutthay amaha dilok phop noppa ratrajathani burirom udom rajaniwesmahasat harn amorn phimarn avatarn sathit sakkattiya visanukamprasit”所取代，这个泰文名称由163个字母组成。但这个纪录尚未列入吉尼斯世界纪录大全，在大全中，新西兰这座山的名字仍是世界最长的地名。

2. 莱索托、梵蒂冈和圣马力诺是世界上为数不多的几个完全被其他国家包围的国中国。莱索托完全被南非包围，梵蒂冈和圣马力诺都被意大利完全包围。

3. Llanfairpwllgwyngyllgogerychwyrndrobwyll llantysiliogogogoch）是世界上最长的村名，而且在世界地名长度排名中位居第三。该村位于威尔士。

4. 世界上最短的地名只有一个字母，该地位于瑞典和挪威之间。在斯堪的内维亚语中，这个字母是“河流”的意思。这个地区最近新换的交通标志，因为非常新颖独特，具有收藏价值，因此经常被盗。

5. 梵蒂冈是世界上最小的国家，国土面积仅有0.2平方英里，比很多小城镇的面积还要小。世界上面积最大的国家是俄罗斯。

6. 根据表面积计算，世界上最大的城市是中国内蒙古的呼伦贝尔，占地263953平方千米。

7. 世界纪录上温度最高的纪录出现在利比亚的埃尔阿兹兹亚（El Azizia）地区，温度高达136华氏度；温度最低的纪录出现在南极洲的佛斯托克，温度为零下134华氏度。世界上平均温度最高的地方是澳大利亚西部地区，一年四季平均温度是96华氏度。

8. 圣马力诺自称是世界上最古老的立宪共和国，该国成立于公元301年，最初的创立者是从罗马帝国的戴克里先大帝的魔爪中逃出的一名信基督教的石匠。该国的1600年宪法是世界上最早的书面宪章。

9. 虽然从海拔上看，珠穆朗玛峰是世界上最高的山峰，但靠月球最近的山则是钦博拉索山，这座山位于南美洲的厄瓜多尔。而马里亚纳海沟是世界上最低的地方。

10. 阿拉斯加是美国所有州中位于北半球最北部、东半球最东部和西半球最西部的州。它也是美国唯一一个伸进“东半球”的州。

11. 大西洋中脊是世界上最长的山，全长40000千米。冰岛是大西洋中脊唯一露出水面的部分。安第斯山脉形成世界上最长的裸露的山脉，全长7000千米。

12. 意大利西海岸女巫角上的奇尔切奥山曾被称作埃埃亚(Aeaea，词中有5个元音，没有辅音)。神话中认为这里是女巫瑟茜的家。另外两个只有元音构成的地名分别是夏威夷的艾耶亚（Aiea）镇和玛奇丝群岛中的一个小岛爱澳（Eiao）。

13. 冰川保存了世界上70%到80%的淡水。99%的冰川位于北极和南极。

14. 1811年和1812年发生的3次约里氏8级地震，导致密西西比河水倒流。这些地震还导致田纳西州利尔福特湖(Reelfoot Lake）形成。

15. 有史以来人类挖的最深洞是俄罗斯的科拉超深钻井。

这个洞深达12261米。俄罗斯出于科研目的挖掘了这口井，从中获得一些意想不到的发现。其中一项重大发现是大量氢沉积物，这些氢沉积物的量非常大，以至于从该洞挖出的泥浆都与氢沉积物一起“沸腾”起来。

辣椒的趣闻

中国有句俗话，把美食称作“吃香的，喝辣的”。可见辣椒与人类的饮食早就结下了不解之缘。今天，地球上大约有八分之一的居民，每天进餐都离不开辣椒。

地球上的“辣带”

民俗学家在研究饮食文化时，发现亚洲和非洲一些国家的居民有一种特别喜欢吃辣椒的生活习惯。这些爱吃辣椒的居民所在的地区，在地理上连成一片，形成了地球上的一条“辣带”。它东起朝鲜，经我国中部、西北、西南的东部，从广西、云南，向南分成两支：一支经泰国向东南到马来西亚、印度尼西亚等国；一支经缅甸、孟加拉国、印度折向更西面的巴基斯坦、阿富汗、伊朗以及北非各国，直至大西洋东岸。

为什么居住在这条“辣带”上的居民都喜爱吃辣椒呢？据说，这种饮食习俗与古代文化交流，贸易往来及气候条件有关。

辣椒的故乡

辣椒的老家在南美洲的热带地区。远在哥伦布发现新大陆以前，居住在中美、墨西哥和现在美国西南部的土著部落，早已每顿饭都离不开辣椒了。

15世纪，西班牙探险家和商人来到美洲，把大袋大袋的干辣椒装上船，横渡茫茫太平洋，来到东南亚、中国、印度和印度尼西亚。接着辣椒又传播到非洲，继而又越过地中海，进入千千万万欧洲人的厨房。

无菜不辣

我国爱吃辣椒的人几乎遍布全国，尤以湖南、四川为最。辣篷篷的“川菜”是我国著名的四大菜系之一。“川菜”是“四川菜”的简称。它的特点就是“辣”，而且辣得花样百出。同样是辣，又有重辣、轻辣、微辣、甜辣、酸辣、麻辣、干辣、腌辣之分。因此，“川菜”有“无菜不辣”之说。辣椒具有驱寒活血的功效。我国湖南、四川居民酷爱吃辣椒，除了喜辣，还因为当地气候潮湿多雨，吃一些辣椒可以促进血液循环，从而驱除风湿。所以，湖南至今仍流传着“没有辣椒不算菜”的说法。

墨西哥人嗜辣成习，他们大小宴会几乎都离不开辣椒；墨西哥人吃辣椒的花样很多，有鲜拌的，有炮制的，也有辣椒糊和辣椒粉。有一种独特的辣味调料叫“萨尔萨”，为每餐必备的佳品。

泰国素有“没有辣椒不吃饭”的俗话。该国餐馆每桌必备辣椒做成的调味品，甚至酱油里也泡着辣椒。泰国一些居民喜欢把誉为“辣椒之王”的“小米椒”放在嘴里大嚼，同时又不断地饮用冰茶解辣。虽然人们被辣得鼻尖冒汗、大口哈气，但是大家却感到十分痛快。

辣椒营养丰富。据测定，维生素C的含量是西红柿的14倍，维生素A的含量在蔬菜中仅次于胡萝卜。此外，辣椒还含有蛋白质、维生素B2以及钙、磷、铁等多种矿物质。适当吃些辣椒，有益于人体健康。一般来说，辣椒每次不宜吃得太多，多吃容易引起胃痛或诱发痔疮。患胃溃疡、肺结核、高血压、牙痛、喉痛、疖肿感染等疾病的人，不宜吃辣椒。

辣椒皇后

经过各国农学家多年辛勤的培育，今天，世界上的辣椒已有7000多个品种。最小的辣椒只有豌豆那么大，人们称它为“豌豆椒”。辣椒中的“巨人”是产于美国的“大吉姆”辣椒，每只长达1米。

辣椒形状有球状、方形、筒形、灯笼形、牛角形等等；颜色有的碧绿如翡翠，有的鲜红似烈火，有的洁白像璧玉。

辣椒之所以有辣味，是因为它含有一种叫辣素的结晶化学物质。我国云南出产一种辣得出奇，咬一口舌头会辣出血来的“涮辣椒”。它的辣度，相当于一般辣椒的20倍。只要把它放在汤锅里涮一下，整锅汤就立即会飘逸出浓烈的辣味来。当地居民用线把它们串起来晾干，一只涮辣椒可以用上好几次。如今，它已获得了“辣椒皇后”的荣誉称号，并被载入了《世界之最》。

有趣的是，农学家们为了满足某些怕辣者吃辣椒的需要；又先后培育出甜辣椒、奶味椒、果香椒等五花八门的新品种。

辣椒节

南美洲巴西的达维城，每年秋天都要举行一次吃辣椒比赛。1983年的冠军获得者是一位50多岁的男子。他当时在10分钟内居然一口气连续不断地吃完125只有“辣魔”之称的尖辣椒。这项纪录至今尚未被别人打破。

非洲的坦桑尼亚，有个传统节日叫“辣椒节”。这天，少女们无论在家里，还是走在大街上，她们头上、身上都佩戴着许许多多红红绿绿的辣椒，使节日充满了欢乐气氛。

美国墨西哥州的哈奇城，每年9月5日也举行“辣椒节”。在节日活动中，全州农民把自己精心培育种植的辣椒拿来，参加优良品种的鉴定和评比。这天人们还进行烹调技术的比赛，品尝以辣椒为主要原料做成的各种菜肴。得奖的菜肴将被载入《哈奇辣椒节食谱》，并立即介绍给各家餐馆制作供应。

“热加热等于凉”

印度尼西亚有座名城叫“雷都”，英国伦敦是世界著名的“雾都”，印度的昆都市是神奇的“辣椒之都”。

昆都四面环山，常年天干地燥，不宜种植粮食，而辣椒却能在这里茂盛生长。因此，昆都人大多从事辣椒生产。

昆都辣椒，奇辣无比。市内有家专营辣椒交易的市场，那里的空气，终年充满着浓烈的辣椒味。这种气味，会使你双眼不住地流泪，甚至咳嗽不止。

昆都人一日三餐都离不开辣椒。盛夏，气温常常高达42℃。这时，人们常常要躲进遍布市区的饮食店。是在喝冷饮吗？不！他们是去吃辣椒下饭。当人们吃得大汗淋漓的时候，反而感到凉爽舒坦。于是，昆都人就创造了“热加热等于凉”的名言来。

如果你在高温季节，走进昆都市的任何一家饮食店，店主都会有礼貌地为你端上一客免费的辣椒泡菜。这是昆都人最嗜食的一道泡菜，是用辣椒粉调制的。当你张口品尝时，就立即感到仿佛吞进了一团火。可是，你不用害怕；等你满头大汗，汗流浃背的时候，就能领悟到“热加热等于凉”这句名言的深刻道理了。

关于地球50个有趣事实

据国外媒体报道，一提外星世界，很多人就神采飞扬，的确，在科幻作品中，外星世界显得神秘莫测，那里有另外一种文明，甚至是人类未来迁移的家园，但是真正被我们称之为家园的地球才拥有好莱坞大片所有成功要素，从火山爆发、流星坠落和板块相撞，到如梦如幻的海洋深处的奇异生命以及那些最寒冷、最炎热、最深、最高以及最极端地点的“世界之罪”，应有尽有。这就是地球，我们美丽的家园。

1. 夜空极光轻舞

太阳发出的带电粒子在地球磁场的作用下集中涌向这颗行星的过程中，在极地附近与上层大气相撞在一起，就会形成极光。当太阳活动处于为期11年的太阳活动周期峰值时，极光更活跃。南极光比北极光更少见，这是因为没人敢在南极洲黑暗、寒冷的冬季前往那里。

2. 其他地球

最终人们将会发现更多像地球的行星。太空学家已经发现围绕遥远恒星运行的类地行星的证据，其中包括编号是Kepler 22-b的行星，它与我们的地球一样，位于主星的可居带里。是否这些行星中将有一些会为生命提供栖息地？这是一个具有争议的问题。

3. 第一个抵达南极点的人

提到沙漠，第一个成功横穿南极沙漠抵达南极的人是挪威探险家罗尔德-阿蒙森。他和其他4人利用狗拉雪橇成功抵达南极。阿蒙森稍后把他的成功归结为周密计划。

4. 最干旱地带

地球上最干旱的地点是智利和秘鲁的阿塔卡马沙漠。在这片沙漠的中心地区，有些地方从没有下雨的记录。

5. 开阔空间

喜欢孤独的人或许可以到格陵兰试一试。该国自夸是世界上人口密度最低的国家。2010年的统计显示，该国2 166 086平方千米范围内只生活着65 534人。格陵兰的大部分居民区都聚集在沿海地区，因此这种低人口密度会令人产生误解。

6. 最拥挤不堪的城市

不喜欢拥挤的环境吗？那就离菲律宾首都马尼拉远一些。菲律宾的这个城市是世界上人口最稠密的地方。2007年人口普查结果显示，当时有1 660 714人生活在面积只有38.55平方千米的马尼拉城。

7. 世界上最小的哺乳动物

地球上有很多微小生物体，一直往下是单细胞生命。但是让我们把注意力放在一些更可爱的动物身上——泰国猪鼻蝙蝠。这种易受影响的动物是在亚洲东南地区发现的，体长仅有大约1英寸（29到33毫米），体重只有0.071盎司（2克），它有望打败伊特鲁里亚鼩，成为世界上最小的哺乳动物。

8. 最大的活生命

如果你想查明地球上最大的生物体是什么，最终你找到的可能是一个巨大的菌类植物。1992年，科学家通过《自然》杂志公开在美国俄勒冈州发现蜜环菌的消息，这种菌类生物体占地2200英亩。该菌类植物的分支不是无性繁殖的机会很小，只是它们密切相关，然而不管哪种方式，都令我们很吃惊。

9. 有呼吸的庞然大物

当我们考虑巨大的生命时，会立刻想到鲸和大象。但是舍曼将军巨红杉是世界最大的树。这种树的树干包含超过1486.6立方米木材。最著名的是美国加州红杉国家公园的森林。

10. 最大的盆地

据美国国家海洋和大气局说，太平洋是迄今为止世界上最大的海洋盆地，占地大约1.55亿平方千米，含水量超过地球上总水量的一半。它非常非常大，世界上的所有大陆都能安放在太平洋盆地里。

11. 拥挤的海岸线

据美国国家海洋和大气局说，美国陆地大约有20%是海岸线，这里是超过50%的美国人的居住地。

12. 超级火山爆发

人类记载的最大规模的火山爆发发生在1815年4月，印度尼西亚坦博拉火山爆发达到峰值。按照火山爆发指数（分为1到8级，与地震的震级有点类似），这次爆发被归类为7级。据说这次爆发产生的噪音在相距超过1930千米的苏门答腊岛都能听到。据估计，此次自然灾害造成的死亡人数多达7.1万，火山喷出的滚滚灰尘扩散到很多遥远的小岛上。

13. 最活跃的火山

夏威夷的基劳维亚火山并不经常喷发，它并不是地球上最活跃的火山。据美国地质调查局说，获得最活跃火山殊荣的是斯特朗博利火山，它位于意大利南方的西海岸，它在超过2000年间几乎一直都在喷发。它的场面壮观的爆发为其赢得了“地中海灯塔”的绰号。

14. 山脉如何形成的

虽然我们看不到移动的岩石板块，但是它们产生的一些影响巨大。就拿喜马拉雅山脉来说，它绵延2900千米，位于印度和西藏的交界处。这个巨大的山脉从4000万到5000万年前开始形成，当时在板块运动的驱使下，印度板块和欧亚板块撞击在一起。这次板块碰撞导致喜马拉雅山脉崛起。

15. 曾经的超大陆

据悉在地球长达45亿年的历史长河中，地球上的大陆多次撞击在一起，形成超级大陆，然后再分开。最近出现的超级大陆是泛古陆，它从大约2亿年前开始分裂；组成该大陆的板块慢慢漂离，最终形成当前的大陆构造。

16. 疯狂的月球

很多研究人员认为，很久以前有一些大型天体撞上地球，产生的碎片最终形成我们的月球。目前还不清楚与地球相撞的天体是一颗行星、小行星，还是彗星，一些科学家认为，火星大小的假想世界忒伊亚（Theia）原行星是肇事者。

17. 围绕恒星运行

地球距离太阳大约1.5亿千米。距离这么远，阳光需要大约8分钟19秒才能抵达地球。

18. 喷洒宇宙尘埃

每天我们的行星都在向天空喷洒尘埃或者尘埃从天而降，落到它上面。每天降落到地球表面的星际物质大约是100吨。这些最细小的粒子是彗星在靠近太阳时组成它的冰蒸发释放出来的。有一张由哈勃太空望远镜拍摄的一张近照，它显示的是NGC7023，或称彩虹星云的一部分，该区域被宇宙尘埃挡得严严实实。

19. 充满财富

辽阔的海洋充满财富，含有超过2000万吨金子。然而现在你还不要急着去开采，因为海水里的这种金属的密度很小，每升海水平均仅包含大约一百三十亿分之一克金子。据美国国家海洋和大气局说，不溶于水的金子都藏在海底的岩石里，因此我们没有获得这些贵金属的有效方法，如果我们能够提取出这些金子，那么地球上的每个人平均将拥有9磅（4.08千克）闪闪发光的黄金。

20. 被海洋覆盖

地球表面大约有70%被海洋覆盖，然而人类探测的海洋大约只有5%，也就是说地球上95%的海洋至今还是一个不为人知的陌生领域。

21. 电

雷和闪电展现出地球凶猛狂野的一面。一道闪电能把空气加热到大约5.4万华氏度（3万℃），导致空气迅速膨胀。不断膨胀的空气产生冲击波，最终嘭的一声发生爆炸，这就是众所周知的雷。

22. 曾是一片紫色

美国马里兰大学的微生物遗传学家施尔-达萨尔玛怀疑地球曾是紫色的，可能像现在的绿色生命一样，这颗行星早期的生命是紫色的。他表示，远古微生物可能曾用一种分子收集阳光，而非叶绿色，这种分子令这些微生物呈现紫色。达萨尔玛认为，地球早期形成另一种光敏分子retinal后，才出现叶绿色。现在在盐杆菌这种光合微生物的暗紫色膜里发现的retinal吸收绿光，并反射红光和紫光，两种颜色结合在一起会呈现紫色。这一想法或许可以用来解释虽然太阳以可见光谱的绿色部分传播大部分光，但是叶绿色主要吸收蓝光和红光的原因。

23. 测量冰形成的年代

人类以各种稀奇古怪的方式在地球上留下我们的印记。例如，20世纪50年代的核试验把大量放射能抛入大气层。这些放射性微粒最终以雨和雪的形式降落到地球上，一些被冰川俘获，封冻在冰层里，供科学家确定冰川冰形成的年代。然而一些冰川融化的速度非常快，仅在最近半个世纪就已消失不见了。

24. 水流失

随着气候变化，冰川在不断消退，这导致海平面上升。结果显示，一座冰川的融水占全球融水的10%。这座冰川位于加拿大的北极地区，在2004年到2009年间它的消融量相当于伊利湖水的75%。

25. 会爆炸的湖

在非洲喀麦隆和卢旺达及刚果边境地区，有3个致命的湖：尼奥斯湖、莫瑙恩湖和基伍湖。这3个湖都是火山口形成的湖。湖下的岩浆释放的二氧化碳进入湖里，在湖床上方形成二氧化碳丰富的一个水层。二氧化碳越积越多会引起爆炸，导致附近的任何人发生窒息。

26. 低地

世界上最低点相对更容易接近。它是位于约旦、以色列和西岸之间的死海。这个超咸湖的湖面比海平面低423米。

27. 全球最深点

海床上的最深点位于海平面以下大约11 034米的马里亚纳海沟。但是地球上的最低点并未被海洋覆盖，它比海平面低2555米，位于南极洲的本特利冰河下沟谷里，厚厚的冰覆盖在上面。

28. 最令人吃惊的地方

珊瑚礁支持着地球上所有生态系统里的大部分生命，在这方面可与雨林相匹敌。据美国国家海洋和大气局说，虽然它们是由微小的珊瑚虫组成的，但是现在它们已经构成世界上最大的活构造，有些甚至在太空也能看到。

29. 最长的山脉

要想找到世界最长的山脉，你必须向下看，向下走。称之为中洋脊的水下火山链横跨大约6.5万千米。随着岩浆从海底喷出，它形成更多地壳，不断扩大这个山脉。该山脉围绕地球延伸开来。

30. 登上最高点

1978年5月8日，登山家莱因霍尔德–梅斯纳尔和彼德–哈伯勒成为不借助氧气登上珠穆朗玛峰的第一批人。梅斯纳尔这样形容他登上峰顶的感受："我气喘吁吁，感觉像是飘浮在雾霭和山峰之上。"

31. 会走的岩石

地球上的岩石会走，至少在死亡谷“跑道盆地”（Racetrack Playa）像薄煎饼一样平坦的湖底它们会自动滑行。有时一场暴风雨会使重达10或几百磅的岩石发生位移。这最有可能是由从盆地上的山脉留下的咸水淹没被冰包裹的岩石所致。当具备一切条件，所有东西都很光滑时，强劲的风就会吹动这些石块。

32. 还有另一颗月球

一些科学家称，地球现在拥有两颗月球。据研究人员在2011年12月20日发表在行星学杂志《伊卡洛斯（ICARUS）》上的报告里说，一个直径至少是3.3米的太空岩石在特定时期里围绕地球运转。它们并不总是同一块岩石，但是有点像一个不停变换的“临时卫星”。科学家的理论模型显示，地球的引力捕获从附近经过、正围绕太阳运行的小行星，当一个这种天体被地球捕获后，它经常会沿不规则的轨道围绕地球运行3周，与我们一起待上大约9个月后，会重新返回浩瀚太空，踏上征途。

33. 过去曾经双月当空

地球可能曾有两颗卫星。一颗更小的卫星（直径大约是750英里，约合1200千米）可能在围绕地球运行的过程中不幸与另一颗撞在一起。科学家在2011年8月4日发表在《自然》杂志上的文章中说，这次猛烈撞击或许可以解释为什么现有地球卫星的两面的地形会存在如此大的差别。

34. 两极颠倒

事实上在过去2000万年间，我们的地球每20万到30万年就会两极颠倒一次，然而2012年距离这种模式发生的时间已经是上述提到时长的2倍多。这种逆转不会瞬间发生，完成一次逆转往往需要几百甚至数千年。据美国康奈尔大学研究人员介绍，在这段漫长的时间里，地球的磁极逐渐远离地球的自转轴，最终两极变换位置。

35. 最高的山

世界海拔最高的山峰是珠穆朗玛峰。珠穆朗玛峰的最高点比其他任何山脉高出海平面更多，高大约是8848米。据美国地质勘探局说，然而要是从真正的山的根总向山顶测量，莫纳克亚山就成了世界上最高的山，它的高度大约是17170米。下面是莫纳克亚山的一些详细测量结果：最高点比海平面高4170米；莫纳克亚山从海平面以下到海床另有5000米；这座火山的中心部分还有8000米位于海床下面。

36. 不断移动的磁极

地球的固体铁核周围涌动着炙热的液体金属海洋，这令让这颗行星具有磁场，这是地球物理学家确定的地球具有磁场的原因。这些流动的液体产生电流，电流随之产生磁场。据美国宇航局的科学家说，从19世纪初期至今，地球的磁北极已经向北移动了超过1100千米。磁极的移动速率已经增加，据估计，现在每年磁极向北移动大约64千米，与之相比，20世纪每年大约是16千米。

37. 怪异的重力

由于我们的地球不是完美的球体，它的质量分布并不均匀。分布不均的质量意味着重力也分布不均。一处神秘的重力异常位于加拿大哈得孙湾。该区域的重力比其他地区更低，2007年的一项研究发现，现在融化的冰川是导致这一结果的原因。在最近的冰河时代堆积在这里的冰一直在融化，但是地球承受的重担并没有减轻。由于一个区域的重力与该地区承受的重量成正比，冰川的压痕推开了一些地球的质量，因此冰川压痕处的重力更小。地壳的轻微变形解释了这里的重力比其他地方低25%到45%的原因；其他问题或许可以通过地幔里的岩浆运动导致的向下拖拽的力进行解释。

38. 圣洁的石笋

目前已被证实的世界上最大的石笋位于古巴。这个庞然大物高达67.2米。

39. 极端大陆

南方大陆是一个极端的地方，南极冰盖蕴含的水大约占全球总淡水量的70%，大约占冰水的90%。

40. 最冷的地方

在南极洲能找到全球最冷的地方并不足为奇，但是导致该地奇冷无比的因素却令人难以置信。冬季这里的气温会降至零下100华氏度（−73℃）。据美国地质勘探局说，有记录的地球上的最低温来自俄罗斯的东方站（Vostok Station），这里的记录显示，1983年7月12日该地的气温骤降到−128.6华氏度（−

89.2℃）。

41. 最热的地方

据美国宇航局的地球观测卫星显示，地球上最热的地方是利比亚的埃尔阿兹兹亚地区，气象站的气温记录显示，1922年12月13日该地气温达到136华氏度（57.8℃）。在气象站监控的范围以外，可能还有更热的地方。

42. 最大的地震

到2011年为止，美国发生的最大地震是1964年3月28日耶稣受难日袭击阿拉斯加州威廉王子海湾的里氏9.2级地震。据美国地质勘探局说，世界上最大的地震是1960年5月22日智利发生的里氏9.5级地震。

43. 月震

月震或称月球上发生的地震确实存在，只是它们发生的频率和强度都不如地球上的地震。据美国地质勘探局的科学家说，月震似乎与地球和月球之间的距离变化产生的潮汐应力有关。月震一般会在月球更深处发生，大约位于月表及其核心的中间位置。

44. 循环

你正在上面行走的地面一直处于循环之中。地球的岩石周期把火成岩转变成水成岩，接着是变质岩，之后这一过程会从头再来。这个周期并非完美周期，但是它的基本原理如下：从地球深处涌出的岩浆变硬形成岩石。构造运动把这种岩石移动到地表，然后经过侵蚀作用，它们被分解成小块。这些小块岩石不断堆积并被掩埋，来自上方的压力促使它们转变成砂岩等水成岩。如果水成岩被掩埋到地球更深处，它们在巨大的压力和高温作用下，就会转变成变质岩。当然，水成岩也会被侵蚀掉，或者变质岩被抬升到地表。但是如果变质岩恰巧被移动到俯冲带，它们就会重新转变成岩浆。

45. 地球老人

研究人员通过测定地球上最古老的岩石和在地球上发现的陨石的年代，推断地球的年龄。他们发现地球大约已经有45.4亿岁。

46. 围绕太阳运行

地球并不只有自转，它还以每小时10.78万千米的速度围绕太阳公转。

47. 一直在移动

你可能感觉你正静静地站着，但实际上你正在移动。根据你在地球上的位置，你可能正在以每小时超过1609千米的速度旋转。位于赤道的人旋转速度最快，而站在北极或南极的人可能处于静止状态。设想一个正在你手指上旋转的球，位于赤道的任意一点都比靠近你手指的点旋转速度更快。因此，位于赤道的点移动更快。

48. 拥有巨大腰围

地球母亲拥有很大的腰围，赤道的周围是40075千米。

49. 压扁的球体

地球并不是一个完美球体。随着自转，地球重力指向它的中心，而地心引力的方向则朝向地表。然而由于这种与重力相反的力与地轴垂直，而地轴稍微倾斜，赤道附近的地心引力并不完全与重力相反。这种不平衡在赤道变得更为严重，这里的重力促使额外的水和地球的重量发生隆起，在地球周围形成一个“备用轮胎”结构。

50.第三块岩石

我们的地球家园是距离太阳第三远的行星，也是目前已知唯一拥有可支持生命存在的大气里有氧，地表有水和生命的行星。

科技趣闻（一）
——偶然事件导致的发现和发明

许多重要的科学发现和技术发明，皆因偶发事件而致成功。当然，你也得有一个有准备的脑，才能抓住往往是一瞬即逝的机会。

“不务正业”的发明——压力锅

在瓦特高效率蒸汽机问世之前，事实上也早有很多人在研究制造蒸汽机了。如公元前720年埃及哲学家西罗，1612年法国机械师德戈，1698年萨物雷，还有狄赛戈里耳、纽可门等不下数10人，其中派朋也是其中的一个，但他研究蒸汽发动机对人类的贡献反而不及他因此发明的副产品——压力锅。

在17世纪末叶，年轻的法国人派朗在伦敦研究蒸汽发动机，他对蒸汽锅炉的研究，引发了他对烹饪用压力锅的发明。他发明的蒸煮锅是圆桶状的，上面有一个能扣紧的盖子和一个自动安全阀。这个安全阀也是派朗的发明。1679年，派朗为皇家学会做现场表演，用这种锅烹制了一些食品，大建筑师C·雷恩觉得这食物美味可口，建议派朗写一本小册子介绍这锅的用法和特点。派朗写道："这种锅能使又老又硬的牛、羊肉变得又嫩又软，并能保护菜和肉的香味和营养。"但直到二次大战期间，这种锅才在需要考虑节约问题的家庭主妇中普及起来。

现在，压力锅早已出现在千千万万个家庭的厨房中，但谁也不曾想到它却是一位年轻法国人于300多年前的一项"不务正业"的发明。

爱情的产物——打字机

他的名字叫G.L.邵尔斯，在美国一家烟厂里工作，跟打字机没有一点关系，但由于一连串的奇遇和巧合，使他成了这项专利的持有人。

首先，他有一位在一家公司当秘书的妻子。由于妻子工作忙，经常将做不完的工作带回家，连夜赶写材料，非常辛苦。邵尔斯怕把爱妻累坏了，只好帮助她抄写，有时写到深夜，两人往往都写得手酸臂疼。于是，邵尔斯开始有了发明写字机器的想法。

最初，邵尔斯打听到一位老技工叫白吉纳，他曾与自己的一位朋友研究过写字机器，于是邵尔斯去找白吉纳。

白吉纳很喜欢邵尔斯的认真劲，将他同那位已去世的朋友断断续续研究了十几年没有成功的写字机体模型送给了邵尔斯，并告诫邵尔斯，研究成写字机器是异常困难的事情。

邵尔斯决心已定，他把这些写字机雏形的机件宝贝似的搬回家，开始了艰苦的研究工作。

打字机的字臂，照现在的结构而言，似乎是理所当然的形式，可是当时在设计时，却使邵尔斯伤透脑筋。因为一开始他被那种盖印章既简单而实用的传统概念方式禁锢住了：他认为字键与字印之间不宜距离太远，最好是字键在上，字印在下，一按就可以有字出来，就像一般人盖印一样，既简单又能缩小机器的体形。可是，研究到最后，他觉得这一构想根本无法实现。

因为字键在上、字印在下的设计结构字臂不能太长，否则，就像树根一样盘在下面，既复杂又不实用。可是字臂太短，又不能运用自如，因此，使他的创造陷入停滞阶段。

有一天深夜，邵尔斯工作得累了，到院子里去散步，回到屋里再想重新工作时，一抬头，看到他太太弯着背写字的侧影。就在这一瞥之下，邵尔斯内心深处激起一阵轻微的颤动：灯下那个美丽的影子，是多么感人的一幅画面！他觉得坐在那里的不再是他太太，而是他苦思冥想的打字机形状。如果把他太太的头当作字键，弯曲的臂当作字臂，这种结构不是很理想的设计吗？邵尔斯不禁跳了起来，喊道："姬蒂，我成功了！"

正在聚精会神抄写东西的邵尔斯太太听到这一声喊，吓了一大跳，睁着充满惊恐的大眼睛，以为丈夫为搞发明神经错乱了。

邵尔斯根据新产生的灵感，又改进了写字机的构造。经过4年的努力，终于在1867年冬天发明出世界上第一台打字机。

在庆祝仪式上，邵尔斯太太泪光闪闪地对亲友说："今天，我的高兴远胜过任何人。因为我不但拥有了打字机，也重新获得了我的丈夫。"她最后一句话的意义，只有邵尔斯理解得最深：本来打字机的发明是为了想减轻爱妻的劳苦，结果艰苦的发明工作不仅使自己对妻子照顾不够，反过来却要妻子关照自己，这就增添了爱妻的担忧和劳苦。所以，邵尔斯用低沉而带沙哑的声音说："如果时光能倒流，让我重新研究打字机，我决不会做的。这就是我的感想。"

由打赌诞生的电影

1872年的一天，在美国加利福尼亚州一个酒店里，斯坦福与科恩发生了激烈的争执：马奔跑时蹄子是否都着地？斯坦福认为奔跑的马在跃起的瞬间四蹄是腾空的；科恩却认为，马奔跑时始终有一蹄着地。争执的结果谁也说服不了谁，于是就采取了美国人惯用的方式打赌来解决。他们请来一位驯马好手来做裁决，然而，这位裁判员也难以断定谁是谁非。这很正常，因为单凭人的眼睛确实难以看清快速奔跑的马蹄是如何运动的。

裁判的好友———英国摄影师麦布里奇知道了这件事后，表示可由他来试一试。他在跑道的一边安置了24架照相机，排成一行，相机镜头都对准跑道；在跑道的另一边，他打了24个木桩，每根木桩上都系上一根细绳，这些细绳横穿跑道，分别系到对面每架照相机的快门上。

一切准备就绪后，麦布里奇牵来了一匹漂亮的骏马，让它从跑道一端飞奔到另一端。当跑马经过这一区域时，依次把24根引线绊断，24架照相机的快门也就依次被拉动而拍下了24张照片。麦布里奇把这些照片按先后顺序剪接起来。每相邻的两张照片动作差别很小，它们组成了一条连贯的照片带。裁判根据这组照片，终于看出马在奔跑时总有一蹄着地，不会四蹄腾空，从而判定科恩赢了。

按理说，故事到此就应结束了，但这场打赌及其判定的奇特方法却引起了人们很大的兴趣。麦布里奇一次又一次地向人们出示那条录有奔马形象的照片带。一次，有人无意识地快速牵动那条照片带，结果眼前出现了一幕奇异的景象：各张照片中那些静止的马叠成一匹运动的马，它竟然“活”起来了！

生物学家马莱从这里得到启迪。他试图用照片来研究动物的动作形态。当然，首先得解决连续摄影的方法问题，因为麦布里奇的那种摄影方式太麻烦了，不够实用。马莱是个聪明人，经过几年的不懈努力后，终于在1888年制造出一种轻便的

“固定底片连续摄影机”，这就是现代摄影机的鼻祖了。从此之后，许多发明家将眼光投向了电影摄影机的研制上。1895年12月28日，法国人卢米埃尔兄弟在巴黎的“大咖啡馆”第一次用自己发明的放映摄影兼用机放映了《火车到站》影片，标志电影的正式诞生。

当然，19世纪末电影的诞生从根本上说是科学技术与艺术相结合的综合产物，在电影诞生之前，许多发明家已经为电影的诞生做过艰苦的工作和基础性的贡献。除上面所提到的科学发明家外，还有许多，如美国的大发明家爱迪生等。而斯坦福与科恩的打赌事件如同使这些科学技术糅合在一起发生巨变的催化剂，迅速导致了电影综合技术的出现和产生，使电影这门伟大的艺术叩响了20世纪的大门。

科技趣闻（二）
——偶然事件导致的发现和发明

摄影技术

1838年，法国物理学家达盖尔正在研究令影像保留在胶片上的方法，但研究多时，仍不得要领。有一天，他突然发现有一个影像留在了胶片上。他于是将附近的化学物品逐一挪开，看看究竟是什么东西造成了这个现象，最后，他发现，原来是一支温度计打破后遗下的水银。摄影技术便从此诞生了，真可谓“踏破铁鞋无觅处，得来全不费工夫”。

放射现象

1896年的一天，法国物理学家贝克勒尔偶然发现，一些密封完好的底片模糊了。他决定要找出其中原因。经过研究终于发现，是他自己身上携带的放射性铀造成的，他因此而发现了放射现象，即原子自然衰变的现象。

糖精

1879年，一名叫法尔贝里的化学学生在研究一种跟甲苯有关的煤焦油物质时，随意地尝了尝，竟然发现有甜味，结果发明了十分著名的糖精。另外有两种糖精或代糖都是被偶然发现的：1937年，美国伊利诺伊大学一名学生点燃一根香烟而尝到甜味，结果发现了一种叫“环己基氨基磺酸酯”的物质；1965年，科学家在研究抗溃疡物质时，发现了一种Nutra Sweet的代糖。

硬铝

1906年德国科学家威尔姆打算观察热处理对一种含铜3.5%、镁0.5%的铝合金的影响。但处理后的合金并不如所希望的那样硬化。他把合金随手扔在了一边。但几天后他怀疑自己的试验，于是决定重做一遍。结果他吃惊地发现几天前处理过的合金的强度和硬度已经大大增强。他因此而发现时效硬化现象，并制得硬铝。

无烟炸药

1896年的一天，瑞士化学家熊旁做试验时不小心把盛满硝酸和硫酸的混合液瓶碰倒了。溶液流在桌上，一时未找到抹布，他赶紧出去拿来了妻子的一条棉布围裙来抹桌子。围裙浸了溶液，湿淋淋的，熊旁怕妻子看见后责怪，就到厨房去把围裙烘干。没料到靠近火炉时，只听得“扑”的一声，围裙被烧得干干净净，没有一点烟，也没有一点灰，他大吃一惊。事后，他仔细回忆了经过，顿时万分高兴。他意识到自己已经合成了可以用来做炸药的新的化合物。为此，他多次重复了实验，肯定了结果无误，遂将其命名为“火棉”，后人称之为硝化纤维素。就这样，一条围裙引出了世界上第一种无烟炸药的问世。

富勒烯

1985年，科学家克罗托、斯麦利等人在研究太空深处的碳元素时，发现有一种碳分子由60个碳原子组成。它的对称性极高，而且它比其他碳分子更强也更稳定。其分子模型与那个已在绿茵场滚动了多年，由12块黑色五边形与20块白色六边形拼合而成的足球竟然毫无二致。因此当斯麦利等人打电话给美国数学会主席告知这一信息时，这位主席竟惊讶地说：“你们发现的是一个足球啊！”克罗托在英国《自然》杂志发表第一篇关于C_{60}论文时，索性就用一张安放在得克萨斯草坪上的足球照片作为C_{60}的分子模型。这种碳分子被称为布基球，又叫富勒烯，是继石墨、金刚石之后发现的纯碳的第三种独立形态。按理说，人们早就该发现C_{60}了。它在蜡烛烟黑中，在烟囱灰里就有；鉴定其结构所用的质谱仪、核磁共振谱仪几乎任何一所大学或综合性研究所都有。可以说，几乎每一所大学或研究所的化学家都具备发现C60的条件，然而几十年来，成千上万的化学家都与它失之交臂。克罗托、斯麦利等因这一发现荣获诺贝尔化学奖。

X射线

德国物理学家伦琴1895年在研究通过低压气体放电而产生阴极射线的效应时偶然发现：置于放电管外面的涂有氰亚铂酸钡的屏幕表面会发荧光，而当时已经把气体放电的可见光和紫外线都屏蔽掉了。于是他推断有一种不可见的辐射从管中穿出并在屏幕上产生荧光。他将这种新奇的强射线命名为X射线，即表示是性质未知的射线。经过研究，伦琴确定了X射线的许多性质，其中最重要的是X射线能够不同程度地射透各种完全不透光的物质。正是这种性质，使得X射线成为医疗诊断上一种新的强有力的工具。伦琴为此荣获诺贝尔物理学奖。

马虎天文学家发现新小行星

马虎大意是自然科学家的大忌，因为它常常导致错误的结果，但是，美国的天文学家阿姆布尔基可要感谢他的一次失误，因为他由此偶然地发现了一颗新的小行星。

阿姆布尔基在7月2日使用计算机控制天文望远镜探测星空时，将坐标调错，望远镜焦点没有对准他的预定目标。但是，这一疏忽竟使他发现一个直径3千米大小的小行星，目前这颗新发现的行星已被小行星中心命名为2000NM。这颗小行星目前距地球的距离为2200万千米，目前，全世界的天文台都在跟踪它，以便得到有关它的进一步资料。不过可以肯定的是，它不会与地球碰撞。

大动物的小祖先

每一种动物都经历了一个漫长的发展变化过程。令人难以置信的是，现代动物的模样与它们的祖先大不一样，许多大动物的祖先竟然是一些矮小的“侏儒”。

现代马是人们比较熟悉的。它那魁梧的身躯和威武的英姿，多少年来一直是诗人吟咏和画家创作的题材。可是马的老祖宗——始祖马，却是个身体弱小，其貌不扬的小动物。始祖马的身材，同现在的狐差不多，体重只不过9千克左右。它的尾巴很细，脖子不长，也没有极为壮观的马鬃。最初，始祖马生活在森林里，靠一些鲜嫩的树枝和叶子果腹。那儿经常有一些古老的食肉动物出没，这对始祖马是个巨大的威胁。与敌人对搏吗？它不像食肉动物有刺杀的犬齿。与对方撞击吗？9千克的体重显然不是对手。始祖马只能消极逃避了，凭着它那细长的四肢，带蹄的脚趾，灵巧的身躯，在树林的间隙中纵横穿越，在沼泽草丛里隐没躲藏。久而久之，始祖马在奔跑的道路上进化和发展，由小到大，逐渐成了现代的高头大马。

大象是现今陆地上最大的动物，其中非洲象有7米多长，3米半高。它不仅有灵活的长鼻子、粗壮的四肢，还有3米长、100千克重的大象牙。然而，象的祖先——始祖象却只有猪那么大。这是一种很笨拙的动物。它站立起来时，肩高只不过60厘米。始祖象的头比较小，眼睛和鼻孔靠前，既没有长鼻子，也没有大象牙。它不像现代象那样栖息在森林里，而是像河马一样经常生活在水中，靠吃水草过日子。

犀牛最早的祖先——跑犀，也是野兽中的侏儒。跑犀生活在4000多万年以前，个儿与现代的狗和羊不相上下；它有比较长的四肢，很善于奔跑。虽然现代犀牛也还比较善跑，但同它的祖先相比，简直不可同日而语。跑犀的脖子比较长，头上没有珍贵的犀角，这些都与现代犀牛截然不同。

身材高大的骆驼，被称为“沙漠之舟”。而骆驼的老祖宗——始驼，只有30多厘米高，生活在4000万年前北美的山林以。骆驼的四肢较短，不善于长途跋涉，是没有资格领受“沙漠之舟”的美名的。

为什么许多大动物都有一个小祖先呢？看来，这是动物发展过程中的一个共同规律。它们刚在地球上出现的时候，个子较小，以后逐渐增大。达到高峰后，一部分动物由于某种原因在地球上消失了；另一部分继续生存了下来，直到今天。不仅动物的系统发育是这样，

生物进化的历程也是如此。

追根究底，动物的老祖宗——原生动物都是微不足道的。

就拿变形虫来说吧，这种动物的体形随时都会发生变化，还不断地伸出伪足，但是万变不离其宗：整个身体只是一个细胞。纵观生物发展的历史，动物都是由简单到复杂，从低级向高级进化的。10多亿年以来，一些动物的体形变大了。如现今还生活着的一种软体动物大王乌贼，体长可达18米，在大海中可以与巨鲸一决雌雄。恐龙中的鲲龙，体形更大，身长26米，重达75吨。但是，最大的海洋动物蓝鲸在体形上却更胜一筹。

据此，法国古生物学家德帕锐和他的学生莫锐共同提出了"古生物体形增大的定律"。这个定律揭示：在每一个古生物发展的小分支中，首先出现的都是小型动物，以后体形渐渐增大，达到高峰后又开始走下坡路，随之便灭绝了。

20世纪影响人类的重大发明

蒸汽机：推动了整个工业革命的发展

传统的马力或者水力无法提供工业革命所需的动力，蒸汽机能量的开发为世界带来了一种更有效更强大的动力。虽说古人在公元前2世纪就已经开始这方面的探索，但直到瓦特的蒸汽机面市后，才真正开启了蒸汽机的商业价值。许多历史学家认为，蒸汽机的开发是工业革命最重要的发明之一，因为蒸汽机的出现带动了冶金、煤矿和纺织业的发展。蒸汽机的出现及纺织业的机械化，提高了工业的用铁量。由于英国拥有丰富的铁矿和煤矿，需求量的增加刺激了冶铁技术和煤矿业的改进，同时加快了工业化的步伐。1804年出现的蒸汽机火车和1807年出现的蒸汽机轮船大大改善了运输条件，辅助了工业革命的发展。

电话：掀开人类通讯史的新篇章

“沃森先生，请立即过来，我需要帮助！”这是1876年3月10日电话发明人亚历山大·贝尔通过电话成功传出的第一句话，电话从此诞生了，人类通讯史从此掀开了一个全新的篇章。

人类进行无线通信的梦想则是1973年在美国纽约实现的。当时，这台世界上第一个实用手机体积大，重达1.9千克，是名副其实的“大哥大”。几十年后的今天，世界最小的手机也诞生了，它只有寻呼机那么大，也比第一代手机轻了不少。

1964年是人类通讯史上另一个重要转折点，这年夏天，全世界成千上万的观众通过电视第一次收看由卫星转播的日本东京奥林匹克运动会实况。这是人类有史以来第一次通过电视屏幕同时间观看千里之外发生的事，人们除了感叹奥运精彩壮观的开幕式和各种比赛外，更惊叹于科技的进步。这一切都归功于哈罗德·罗森发明的地球同步卫星。

1969年夏天，国际互联网的雏形在美国出现，它由四个电脑网站组成，一个在加州大学分校，另三个在内华达州。1972年，实验人员首次在实验网络上发出第一封电子邮件，这标志着国际互联网开始与通讯相结合。到了20世纪90年代，国际互联网开始转为商业用途。1995年网络发展到第一个高潮，这一年被称为国际互联网年。在电子商业浪潮的推动下，国际互联网在21世纪对人类社会的影响将更加深远。

汽车：载着时代向前奔驰

汽车改变了人类的整个交通状况，拥有汽车工业成了每一个强大工业国家的标志。

汽车走过这样一段历史：1771年，法国人居纽设计出蒸汽机三轮车；1860年，法国人雷诺制造出了以煤炭瓦斯为燃料的汽车发动机；1885年，德国人本茨和戴姆勒各自完成了装有高速汽油发动机的机车和装有二冲程汽油发动机的三轮汽车，并且成功企业化；1908年，美国人福特采用流水式生产线大量生产价格低、安全性能高、速度快的T型汽车。汽车的大众化由此开始；1912年，凯迪拉克公司推出电子打火启动车，使妇女也开始爱上汽车；1926年，世界第一家汽车制造公司戴姆勒·本茨公司成立；1934年，第一辆前轮驱动汽车面世；1940年，大战令许多汽车制造商停产，欧洲车商开始转向生产军用车辆；20世纪50年代，德国沃尔沃的甲壳车轿车一经推出就成为最受欢迎的汽车；1970年到2000年，日本车在亚洲走俏，丰田、本田、三菱以及日产特高技术小型车入侵欧美市场，改写了欧美牌子垄断的局面。

实际上，汽车的发明使人类的机动性有了极大的提高，使20世纪人类的视野更加开阔，更追求自由。当然，汽车工业的发展也带来了道路网挤占土地资源、大气污染和高昂的车费等问题，但不管怎么说，汽车确实载着人类向前发展，向前奔驰。

电视：人类自己创造的“魔鬼”

现代人可以一天不吃饭，不喝水，但不能一天没有电视。

电视的设想和理论早在1870年就出现过。1884年，德国发明家保罗·尼普科夫设计了全个穿孔的“扫描圆盘”，当圆盘转动的时候，小孔把景物碎分成小点，这些小点随即转换成电信号，另一端的接收机把信号重组成与原来图像相同但粗糙的影像。1926年，苏格兰人约翰·贝蒙德采用尼普科夫的“大圆盘”制造了影像机。

真正制造出画面稳定的电视是从俄罗斯移民到美国的拉基米尔·佐里金和出生在美国犹他州的菲洛·法恩斯沃思。在1939年的世界博览会上，世界第一台真正清晰的电视开播，电视真正诞生了。

登月：人类航天史上迈出一大步

美国宇航员阿姆斯特朗登上月球刹那所说的名言“对个人来说，这只是一小步；对人类来说，这是迈出一大步”牢牢铭记在地球人的心上。

1969年7月20日下午4时，全世界5亿电视观众都看到了“黑黝黝”的画面，画面深处传来一个来自外太空的声音：“休斯敦，这里是静海基地，鹰舱已经登陆！”接下来，美国“阿波罗11号”登月宇宙飞船上的两名宇航员阿姆斯特朗和奥尔德林问休斯敦宇航中心："我们不想休息四小时，我们想马上登月。"休斯敦回答："同意立即登月！"接着，阿姆斯特朗背朝外，开始从九级梯子缓缓爬下。全世界5亿人都看到了这一场景。

登月确确实实是人类航天科技的一大进步，因为正如最后一名登月者塞尔南上校所说的："在月球遥望地球，我看不到任何国界，我觉得地球就是一个整体，我的整个思想也就开阔了。"

电脑：人类未来的希望

1946年2月4日，美国军方和政府部门的代表、著名的科学家一起挤在宾夕法尼亚大学的一个房间里。当一位陆军将军轻轻按下电钮后，占满整整三堵墙的机器立即亮了起来，人们热烈鼓掌，高声欢呼："ENIAC活了！"并且向总工程师埃科特祝贺。"ENIAC"就是世界上第一台电脑。

基因：破解生命的千古密码

10多年前，科学界就预言说，21世纪是一个基因工程世纪。人类基因工程走过的主要历程怎样呢？1866年，奥地利遗传学家孟德尔神父发现生物的遗传基因规律；1868年，瑞士生物学家弗里德里希发现细胞核内存有酸性和蛋白质两个部分。酸性部分就是后来的所谓的DNA；1882年，德国胚胎学家瓦尔特弗莱明在研究蝾螈细胞时发现细胞核内的包含有大量的分裂的线状物体，也就是后来的染色体；1944年，美国科研人员证明DNA是大多数有机体的遗传原料，而不是蛋白质；1953

年，美国生化学家华森和英国物理学家克里克宣布他们发现了DNA的双螺旋结果，奠下了基因工程的基础；1980年，第一只经过基因改造的老鼠诞生；1996年，第一只克隆羊诞生；1999年，美国科学家破解了人类第22组基因排序列图；未来的计划是可以根据基因图有针对性地对有关病症下药。

恐龙趣闻

1. 发生在“禽龙”身上的“科学”误会

1822年，英国的乡村医生曼特尔发现了禽龙化石以后，几经周折，最后给仅有几颗牙齿的化石命名为“禽龙”。在1835年的除夕，英国伦敦的水晶宫公园里灯火通明，众人在为庆祝这个巨大的四足动物而举杯欢庆，主持这次别开生面宴会的人就是英国自然博物馆的馆长欧文博士，他请著名的画家兼雕塑家霍金斯复制了禽龙的模型，宴会就是在外部造型是禽龙的肚子里举行的，可又有谁知道，原来这具庞然大物不像犀牛一样四脚着地，而是仅靠后肢的两只腿来支撑身体，这是在后来才知道的，否则的话，他们就不可能像在一艘轮船里频频举杯共庆了，宴会的地点也就不会选择在禽龙的肚子里了。同样的误会还是发生在禽龙身上，在曼特尔发现禽龙的时候，所有的骨骼化石都是散作一堆，难以理清头绪，其中有一块奇特的骨骼化石，像圆形锥子似的，长有10厘米左右，乍看上去就像是犀牛的鼻子，引起了研究者的注意，于是被研究禽龙的欧文给安到了禽龙的鼻子上，这件事一直隔了50多年，直到1878年，在比利时的贝尔尼沙煤矿里找到了30多具禽龙骨架，其中有17具十分完整。经对比，发现这块“钉耙”似尖端物原来长在大拇指上，是用作打击对手和防护自己的身体的器官，顿时，一场玩笑式的故事就此终结了，从此，我们就看到了在禽龙的上肢的两个大拇指上张着一对圆锥形的东西。

2. 临“急”一冲，“龙”蛋出窝

寻找者的足迹是艰辛的，特别是探寻地下的珍宝，这在目前还没找到较为省事便捷的方法，这样只能靠传统的较保守的手段来实现了。在北京自然博物馆的古生物展厅里，距离马门溪龙的臀部骨架不远处，在明净的玻璃展柜里搁置着一窝恐龙蛋化石，在蛋窝的边沿偶尔可见到散放着的一些恐龙蛋碎片，对于大多数观众，可能只会惊叹这窝蛋的数量和规模，可又有谁知道这窝蛋化石不平常的背后呢？这窝蛋是1964年在江西赣县采集的，经北京自然博物馆的数名古生物专家在该化石地数日辛劳，但未见丝毫蛋的痕迹，突然有一天，王存义老先生在日落西归返家之时，羞答答地躲在不显眼的地方小便，这原本并未引起他人的注意，包括老先生本人亦是如此，映着落日的余晖，斜躺着的恐龙蛋便暴露出来，这一意外的惊喜可使老先生受了不小的刺激，情急之下，撒腿就跑，招呼其余的两位同事，小心翼翼地把这窝蛋搬下山，从今以后，每当馆内的同行谈及此事都不免要讲到这位有着“奇遇”的老人。

3. 世界上和中国最早命名和出土的恐龙各是什么？

在恐龙家族里，大大小小的个体可真不少，但你知道在世界上、中国最早命名和出土的恐龙又分别是哪些呢？我们知道，曼特尔是在1822年发现了禽龙化石，直到1825年几经周折才命名为“Iguanodon”，拉丁语意为“禽龙”，实际上，在这之前的一年，就是1824年，另一位英国的大家巴克兰描述了英国牛津郡北部发现的一种大型的肉食性爬行动物，取名为“Megalosaurus”，意为“巨齿龙”。

在我国，发现的第一批恐龙化石是1902年在黑龙江省的嘉荫县的乌云地区，出土了大量的鸭嘴龙化石。这批化石后来全被沙皇俄国的一位上校玛纳金偷渡出境了，其中最著名的“阿穆尔满洲龙”就是在这次被运走的，“阿穆尔”是“黑龙江”的旧称，目前，这具“满洲龙”保存在了俄罗斯圣彼得堡古生物博物馆里。尽管是在中国早期发现的恐龙化石，但旧中国的软弱使饱受沧桑的中国人民只能是眼睁睁地看着自己的珍宝被外来势力掠夺，其情其景惨不忍睹。之后，在1938年，当抗战的硝烟已弥漫在大西南的上空之时，远在距昆明近100里的云南禄丰县传来了石破天惊的消息，发现了恐龙骨架化石，主持这项课题的就是被誉为“中国恐龙之父”的杨钟健老先生，这是他从德国学成归国以后在中国自己的土地上自己找到的恐龙化石，于是在1941年便进行了装架研究，命名为“许氏禄丰龙”，以纪念自己的恩师、德国的许耐先生。这是中国人凭借自己的能力首次装架研究并展示的恐龙，终于在重庆北碚公之于世了。

4. 恐龙的头是朝着东方吗？

到过四川、云南的人都会被当地老百姓对恐龙知识的熟知而吃惊，虽如此，在这些人的言谈中也大有让你沉思和回味的内容，他们几乎如出一辙地同称恐龙的脑袋全是朝着东方的，事实果真如此吗？尽管在中国目前发现带脑袋的恐龙还为数不多，但毕竟还是有发现的记录，像在四川自贡大山铺、伍家坝和云南的禄丰等地陆续出土了恐龙的头骨化石，诸如永川龙、华阳龙、马门溪龙、金山龙、禄丰龙的完整头骨，在所见的化石发掘点，有些是分散无序，有些是零乱堆积，几乎无一定的排列规律，有时也可能是偶尔的巧合，适遇头骨朝东者也不乏，但何以说明恐龙的头骨是朝着东方的，在这里面，还夹杂着不少的所谓逻辑，什么中国是处于世界的东方，中国是东方民族，理应恐龙头也朝着东方。还有的说法是在白垩纪晚期地球上有过一次大的星球撞击事件，行星撞击了西方后，火光直冲东方蔓延，于是恐龙见势便仓皇东逃，尽管如此，也未躲过这场灾难的降临。试想，在恐龙生息的时代，人类的始祖又在何方，莫非是上苍有灵，使二者产生感应不可？抑或行星撞击过西方，那么撞击后遗留的证据又何在？再者，白垩纪的撞击事件又如何解释侏罗纪的恐龙死亡问题呢？在至今的所有发掘现场，恐龙的埋藏几乎都是经过搬运，小者是短距离的搬运，大者则使恐龙的骨骼关节的连接都散乱以自破碎，这怎能说明确定恐龙死的时候是朝着东方而倒下的呢？对于偶遇的这种现象，我们只能说是一种偶然现象，切不可认为它是一种规律。

5. 恐龙最喜欢吃什么？

恐龙喜欢吃什么，我们谁也未曾见到过，但我们不是不能依据史存的植物化石以及植物的进化线索来解释这一问题。对于肉食性的恐龙来说，这毋庸置疑，是以当时的大量植食性恐龙和其他类型的爬行动物为眼前食，而对吃植物的恐龙它们又是以什么为食呢？原来，在中生代时期，植物的主要类型是大量生活在温暖、潮湿地的蕨类和裸子植物，几乎占据了整个地球，在今天我们找到的中生代的植物化石都足以证明这一点，所以说，尽管那时的植物没有现在丰富，但恐龙也只能不得已而为之。

6. 水晶宫的宴会——最早的恐龙展览

最早的恐龙展览是在英国的帕克斯顿“水晶宫”举办的。该水晶宫原为1851年第一届世界工商博览会中心大厦，也是世界上第一座大型钢梁和玻璃复合结构的建筑。1852年伦敦的博览会结束后，水晶宫被迁往锡德拉姆市郊重建，于是英国皇室提议，水晶宫所在的新公园用事史前动物的复原雕像来装饰美化，此事由大名鼎鼎的古生物学家欧文博士和擅长绘画、雕刻的霍金斯合作负责设计完成，他们把当时已经定名的三种恐龙：禽龙、林龙和巨齿龙进行复原并做了雕像，安放在新公园的几个小岛上，林龙是1832年曼特尔描述的带盔甲的爬行动物。同时还配上了大型的俯身悬崖的翼手龙和海边晒太阳的鳄鱼以及中生代的“海怪”——鱼龙和蛇颈龙，一幅生机勃勃的中生代景观。据说，在这次雕像工作结束后，欧文博士邀请了几十名知名的学者，其中也有为此立下大功的曼特尔先生，他们在禽龙的肚子里举行了别开生面的庆祝宴会，会上觥筹交错，热闹非凡。

7. 马门溪龙“踢飞脚”的招数

马门溪龙庞大的身躯，估计大凡对恐龙有些了解的人都知道，特别是中国的恐龙，仅马门溪龙就红了半边天。不过，在马门溪龙的近50年的研究历程中，确实有过不平凡的经历.从发现马门溪龙的那一刻，科学家们就感觉这种动物的身体比较魁梧，体重也是十分惊人的，凭借种种猜测，人们给马门溪龙描绘了一幅美好的画卷，生活在海水中，尽情地沐浴，更重要的是可以支撑硕大的身体，使身体不至于被压垮，还有就是凭单薄的脚尖着地是不堪重负的，这些想法似乎比较合乎常理。但是，科学的结论确是截然不同的，马门溪龙并不需要在水里生活，不需水的浮力来支撑体重，因为发现恐龙的地层在世界上无一例外都是在陆相的地层中，这是最具说服力的证据；同时，依据现代结构力学的推理和计算，马门溪龙的骨骼结构完全得以支撑我们恢复后的体重，甚至行动自如，这是我们不必为之担忧和多虑的。其次，根据马门溪龙以及生活形态相似的恐龙的解剖学研究证实，骨关节的连接方式应是脚后跟不着地，仅靠脚尖着地来负重，有些类似于哺乳动物中的趾行式，但不是我们想象的那种用脚尖走路的类似于马的行走方式，这项结果的亮相，使马门溪龙的形态结构的研究更进一步。现在我们如果留意这一点的话，在博物馆中已经看不到早先时候那种连掌骨都着地的马门溪龙的姿势了，大有“踢飞脚”的样子，使马门溪龙又重新趾高气扬地出现在人们眼前。

8. 恐龙原来双排卵

长期以来，有关恐龙的生殖方式时时出现些波澜，有的研究结果认为是卵生的，根据就是成窝的经过石化的恐龙蛋的大量出土，有蛋的动物应该是卵生的；有的则认为是卵胎生的，早期的幼体发育是在受精的卵黄里，等发育成熟后，然后在接受母体的孵化养育，那么，到底是哪一种成为理想的结论呢？大量恐龙蛋的发掘出土，研究证实了恐龙应是靠太阳的能量来孵化出幼体，幼体不断发育，然后逐步成熟，进一步得以繁衍生息。然而近来一项新的发现又使猎奇的人们重新振奋了一次，在辽宁北票四合屯的义县组地层中找到了带毛的恐龙的骨骼化石，并且对这块标本进行镜下鉴定发现了在骨骼的内腔有卵的痕迹化石，进一步观察卵的形态和位置，发现是一列两颗并排的卵痕，说明了这枚化石在活的时候是产双排卵，即一次下蛋为两颗。虽然通过这块化石不能对恐龙的产卵做出准确的定义，但是凭借此可以解释有些蛋化石是成双成对的排列保存的原因，尽管可能有些偶然性，但客观的事实足以说明这一点。

9. 给马门溪龙该“换头”了

被世人称之为恐龙家族明星的、陆生动物中脖子最长的（颈椎数为19节的长脖子）马门溪龙一家子，从1952年最早在四川宜宾宜塘高速公路旁发掘的建设马门溪龙和震惊中外古生物界的在1957年发现的合川马门溪龙，以及近两年在四川井研大规模出土的井研马门溪龙，至今已经共找到九个兄弟的马门溪龙属中。从一开始到现在，充其量也未找到几个完整的头骨，特别是在早期发掘的化石完整率几乎是十分难得的合川马门溪龙骨架，尽管化石保存率约80%之多，但侥幸未见到恐龙的脑袋，于是乎马门溪龙因最早发现的建设马门溪龙化石较少、缺乏对比性而不能复原鉴定，合川马门溪龙化石的出土则在这一方面弥补了不足，整个标本从颈至尾几乎都无一缺乏而保留下来，于是便通过大量的国外资料以及标本进行对比，在20世纪70年代初命名为合川马门溪龙，在命名的过程中，发现这具标本化石在骨骼的形态上与北美的晚侏罗世的梁龙十分相似，于是合川马门溪龙虽缺头，最后也就模仿梁龙的头骨作了复原，所以，我们看到的马门溪龙的头骨全部同梁龙的近似，皆是棒状齿的扁扁的蜥脚类恐龙头骨。事隔半个多世纪，在四川自贡的恐龙的群窟中蹊跷地发现了保存有头骨的马门溪龙个体，这个头骨的形态极似圆顶龙的骨骼，牙齿为典型的勺型齿，并且勺形不是特别的对称，科学的发现，使名扬海外的马门溪龙不得不面临换头的处境，不过，这将使马门溪龙得以进一步的完善，特别是在研究这一领域，马门溪龙基本上到现在已经无任何争议。因为自然科学其学科的独特性是在自然界发现规律，认识规律，其间很少需要人类的发明创造，否则就不忠于自然界本身，因此，马门溪龙的换头，也正是体现了科学的严谨和自然性，在人类最早找到的禽龙的骨架化石时，不也是把脚趾安到了鼻子上吗？但这也丝毫没有影响禽龙的研究与发展。目前，还有一些不十分完整的马门溪龙头骨发现，不过，对于澄清马门溪龙头骨形态以及马门溪龙个体的发育演化已经是比较清楚了，并且我们已经看到了个别地方博物馆陈列的马门溪龙的头骨已经变样了，虽没有过较为隆重的换头仪式。

10. 恐龙起名的秘籍

我们悉知的各种恐龙都是有名字的，那么，这些恐龙的名字是怎样来的呢？在古生物这一学科里，关于生物的命名遵循的原则就是沿袭林奈（Linnaeus 1707—1778）的“双名法”的法则，使生物的命名有了统一而规范的标准。所谓的“双名法”这是与生物的分类有一定的联系，比如众所周知的“马门溪龙”，实际是说的具有这类形态特征的恐龙的属名，然后在这一属中所有个体之间除了普遍相像的主要特征，此外便是个别微小的差别，对于这些微小的特征差异，我们又进一步命名，这就是看到的每一具恐龙的真实名字了，诸如“合川马门溪龙”“建设马门溪龙”等，每一个个体的名字我们称之为种名，这样一来，我们对“双名法”就有了了解，在属名的前面加一个修饰名便是种名，有关这些属名以及修饰词的来源，一般情况下是以这种生物个体出现的地理生态区域地名以及发掘地的地名、明显的生物特征等为依据来选定的，而对于前面的修饰词多用进一步详细的地名、突出的形态特征以及对此做出过贡献的人物的姓氏来确定的。例如“许氏禄丰龙”中“禄丰”是产地，“许氏”是德国德著名古生物学家许耐。“棘鼻青岛龙”中的“青岛”是山东的地名，“棘鼻”是在这具鸭嘴龙的头上有高高突出的棘鼻，缘此命名。

11. 马门溪龙名字的来历

众所周知的马门溪龙可算是恐龙家族中的大明星了，那么它的大名是怎样来的呢？原来，我国第一具马门溪龙化石的发现是在1952年，当时在四川宜宾的马鸣溪渡口旁修筑宜塘高速公路，在大搞土建过程中发现了一具保存不是十分完整的蜥脚类恐龙化石，后来当地的文管所便把恐龙化石运到了北京，杨钟健教授进行了研究并以发现地将其命名为马鸣溪龙，由于杨老说话有些口音，在说马鸣溪的时候别人往往误听为马门溪，于是，在后来的文字记录中马门溪便自然而然的取代了马鸣溪。发现马门溪龙的马鸣溪渡口今天依旧保留着。

12. 建设气龙名字源于何处?

在自贡恐龙博物馆的馆藏珍品中，不可忽视的兽脚类恐龙是建设气龙。这具恐龙体长约4米，属于中等个体，是侏罗纪中期较为原始的肉食性恐龙。关于它的名字的由来，还有一段故事：在20世纪70年代末期发掘大山铺恐龙的时候，自贡正在大力开发当地丰富的天然气资源，为了纪念这段令人兴奋的历史，之后在为这条罕见的兽脚类恐龙起名时，特意把它的所属属命名为气龙，而把这一个体种名定为建设气龙，以示后人记住并回味这段往事。还有的说法是在自贡大山铺的发掘工地上，由于缺乏丰富的古生物知识，致使所发掘出的化石遭到了严重的损坏，令古生物工作者感到非常的痛惜，于是起名为气龙。

13. 翼龙是恐龙吗？

由于翼龙的名字中冠以“龙”字，所以，大凡不是专门从事这方面研究的人，常常会误把翼龙也列入恐龙的行列中，这样就大错特错了。首先，在爬行动物纲中，虽然翼龙和恐龙同属双孔亚纲的初龙类，但它们是分属不同的目，翼龙是属于初龙类中的翼龙目，而恐龙则是属于初龙类中的蜥臀目和鸟臀目，明显是两种截然不同的进化主线。所以，翼龙从本质上讲就不属于恐龙；更何况翼龙和恐龙在生活习性上也存在极大的差别，翼龙是在空中飞行的一类爬行动物，而恐龙则是全部生活在陆地上，适宜在温暖、潮湿的平原或森林地带栖息。顺便提醒一点，在爬行动物这一家族中，名称中带有“龙”字的比比皆是。其中，既有飞行在空中的，也有潜游于海洋中的类似“鱼龙”“蛇颈龙“类的水生爬行动物，还有是在陆地上爬行的，而恐龙却仅是属于陆上爬行类中的一部分。

14. 翼龙是鸟的祖先吗？

提到天空中飞翔的动物，人们首先想到是鸟。翼龙也能在空中飞行，那它跟鸟又存在怎样的关系呢？有人说翼龙是鸟的祖先。关于鸟的起源问题，一直是近百年来古生物界争论不休的热门话题。长期以来，学术界对鸟的起源有两种认识，即“恐龙起源说”和“非恐龙起源说”：“恐龙起源说”认为鸟类是由恐龙中的小型兽脚类恐龙演化而来的；“非恐龙起源说”则认为鸟类同恐龙一样，都是起源于槽齿类的爬行动物。虽然翼龙也具有极相似于鸟类飞翔的特点，但翼龙却不具备长有羽毛的翅膀；再者在进化位置上也居于不同分支系统。所以，翼龙无论如何发展，也不可能进化到鸟类，更无从谈及是鸟的祖先。

15. 中药中的“龙骨”莫非是说恐龙的骨骼吗?

在我们日常生活中，随着季节的更变、人的年龄的增长以及突发的事情的产生，人们往往会在不经意间犯上一些疾病，于是，东奔西走求医问药。其中少不了想到中医，而作为中医诞生地的中国，传统的中医理论在对好多的病症治疗过程中是西医无可匹敌的，这在世界医学史上也是功不可没的。如果求助于中医，自然缺少不了熬汤煎药，在中药的配方中，常常会在药方中看到“龙骨”的字眼，那么，究竟“龙骨”是指哪类药，是不是一种恐龙骨头呢?

实际上，“龙骨”在中药中是一剂较为重要的药物，它对于疏通经络，活血化瘀，缓解病人的疼痛具有显著的疗效。首先，就“龙骨”一词在中药里的解释是指脊椎动物的骨骼，由于脊椎动物中在今天数量最多的是哺乳动物，包括现生的多数动物都不排除，像马、牛、羊等类动物，所以，长期以来“龙骨”就自然而然地指代了哺乳动物的骨骼。那么，恐龙骨骼算不算龙骨呢？回答是肯定的，因为恐龙也是脊椎动物，所以，这是毫无疑问的。但因为恐龙骨骼的数量稀少，比较珍贵，所以，作为药剂的成分就不大可能了，在过去人们对恐龙认识不够的时候，在中药店里，仔细搜寻的话，常会发现恐龙的骨骼，比如，在四川的一些地方，科研工作者为了在野外找到恐龙，早期的调查就是在中药店里找到线索的。这样一来，有关问题所要阐明的事实便一目了然了：恐龙骨骼是龙骨，但龙骨不单指恐龙骨骼。

16. 误把恐龙脚印当鸡爪，如此“神鸡”何处寻？

由于恐龙脚印化石是古生物的遗迹化石，常常不为人们所重视，它不像恐龙骨架一样，当科学家们经过细心的工作以后，把零散的骨骼化石一块一块复原装架成恐龙骨架，不仅可以领略到已经到绝灭了6500万年的史前动物的威武形态，而且也能完整地欣赏到恐龙的模样，形态各异、生灵活现。所以，受到了社会上众多人士的喜欢，特别是青少年观众，恐龙似乎已经是启蒙的必读，因此，相对来说，有关脚印的普及知识在数量以及影响上就略微显得不够分量。对于恐龙脚印，民间的好多老百姓尽管不会说出它的科学名字，但却给它起了一个形象的名字，叫作“金鸡爪”。俗话说：“踏破铁鞋无觅处，得来全不费工夫”，虽然恐龙脚印更难保存，但苍天不负苦心人，我们野外考察队在长达半年的科考过程中，所到之处，有时候为了找到所寻目标真是众里难寻，有时候在不经意间就喜获意外，这可能是生活中事物发展的本身规律。在我们的大部队亲临承德县的时候，依照20世纪60年代的资料记载，当初曾在该地的六沟找到过恐龙脚印化石，数量不是很多，但是近半世纪的风雨变迁，今天已经难觅踪影了，不知落到谁家之手。起初我们在野外按照传统工作方法踏勘地层，寻找恐龙脚印出现的地层，但在偌大的采石场的碎石堆中，仅发现了恐龙足迹的残片。无奈眼前高耸的大山令人望而生畏，让我们无动于衷，于是在村民的引见下，我们走进了孟家院马家沟石板窝村村民邢会青的院子里，邢会青是邢恩发的儿子，邢恩发在世的时特别擅长收集带有“金鸡爪”形状的石板，因此在他老人家的院落里，有各种形态的爪样的石板，或是用来铺院子，或是用来砌猪圈，物尽其用，总之，在院中浏览，如同走进了恐龙生态园，从门口直通院子的甬道上，就发现了数组恐龙足迹化石，当我们相继拍照、透图的间隙，邢会青情不自禁地说：“原来这东西是恐龙的脚印，我们一直以为是金鸡的爪，并且我们还约莫这些金鸡挺重的，真没想到会是恐龙的脚留下的，不是你们说的话，这些东西恐怕过几年就不见了。不过也是，难怪我家老头子这么喜欢这东西，如果不是你们来的话，时间一长估计被磨得差不多了。”邢恩发越说越来劲，他还饶有兴趣地说：“告诉你们吧，在我们这个地方，真是取石修房子的话，看到这些带爪印的石头，谁都不愿意要，因为有爪的石头，表面不很平滑，再者，看着也很不舒服，所以，最后剔来剔去，把这些都扔了，幸亏我们家老头子收拾回来了，一直保留至今。”旁边的人群中也不时传来啧啧声：“原来这么珍贵，我们都不知道，我们家就扔过好多，如果早知道的话，我肯定会留下来，唉！”之所以说不是金鸡的爪，关键是时代问题，因为鸡的出现至今时代很短，还不会形成化石，但我们采集恐龙脚印的地层时代白垩纪的地层，距今已经有1亿多年了，从中很容易看出问题，自然不会是金鸡的爪。

17. 恐龙蛋垒地基，你说稀奇不稀奇

这事说来一点也不假。还是在1993年的时候，在河南省西峡县人们意外地发现了恐龙蛋化石，这一发现不要紧，没想到几天时间国内外的众多家媒体竞相播放、登载，这一偶然发现成为震惊中外的一大奇迹，一时间外地很多人蜂拥而至，一窝蜂地背着铺盖卷、带着干粮来西峡找恐龙蛋，有的人是坐地收购，自然有人是狠劲地挖，个个都在做着发财的梦。起初时在农民的庄稼地里稍留心都能捡到恐龙蛋，不费弯腰之力，没过多久，地也变荒了，坑一个比一个挖的大、深，这时候，又有人做起了卖地的买卖，一根拐杖，横竖一量，一平方米见方的地盘，开价200元，这次就亲眼见到了这位老人，说起当年的事，仍不免感觉很得意。

虽如此，买者还是络绎不绝，尽管蛋越找越多，但找蛋的人也随之逐日增多，这样，在西峡县这个豫西小镇顿时变成全国知晓的地方，虽国家曾三令五申地强调过恐龙蛋属于国家文物保护范围，并且在文物保护法里明确地破例将恐龙蛋列入其中，但是，仍旧屡禁不止，肆意挖掘的势头越演越烈。到后来，人们的眼光已经不轻易放过任何一个角落，就连垒猪圈、砌墙的石头也在搜寻之列，不过，幸好这东西也确实多，在角角落落真是找到了，最引人注意的是在人们的垒房子的地基上，看到了一颗颗恐龙蛋，这些在以前人们并不把这种圆形的石球当回事，都以为是河里的鹅卵石，后来听说是恐龙蛋，就连房屋地基上从未被发现的恐龙蛋也被敲落了下来，这就是用来形容西峡恐龙蛋多最常用的一句话："在地基上也可以敲几个下来"的故事原委。

原来，在西峡县的大部分地区，多数是白垩纪晚期的地层，都是恐龙快绝灭时地质沉积下来的，有的已经风化为土壤，有的还是未风化的粉红色砂岩，恐龙蛋就集中在这里，为了就地取材的方便，于是人们日常的采石就从这里取材，所以，当发现恐龙蛋的消息传出来的时候，人们就开始打起了这里的主意。不过，恐龙蛋的风波至今已经停息了，好多的往事已经成为从前的故事。

18. 避暑山庄的恐龙脚印

当你走进避暑山庄欣赏胜景之时，寻觅过去"热河"的来历之余，低头就可见到在热河泉旁的铺地石板上的恐龙足迹，顿时给这座宏大的古代皇家花园增添了古韵。长仅300米、由泉中喷射出的热水形成的世界最短的河流就从恐龙足迹旁缓缓流过；在距此不远的须弥福寿寺的寺门口，也随处可见到恐龙足迹化石。这些石板均采自承德县孟家院的马家沟（在资料记载上有时是麻地沟，可能是音译时发生的错误），在化石产出的时代上也无任何疑义，均为距今1.3亿年的早白垩世时期。